PARFAIT IS THE GREATEST

パフェが一番エライ。

斧屋

集英社

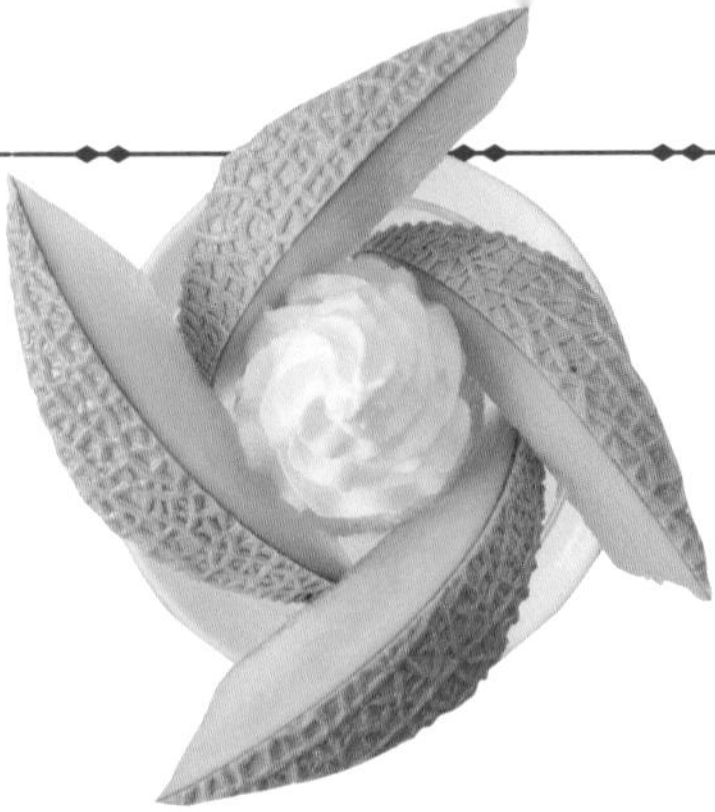

はじめに――パフェは食べ物ではありません

斧屋《おのや》といいます。パフェ評論家をやっています。

東京を中心に、おいしいパフェや楽しいパフェを食べ歩いて、その魅力をSNSやラジオで発信することがメインの活動です。要は、「パフェの応援団長」みたいなものですね。毎年、三百六十五本前後のパフェを食べます。一日一本ペース。そんなに食べるほどパフェがあるのか、飽きないのか、と思われるかもしれません。実は、魅力的なパフェが食べきれないほどたくさんあるのです。今、パフェブームです。

ブームの大きなきっかけは、インスタグラムを中心とするネット上の写真文化にあります。パフェの見映えの美しさ、かわいさ、華やかさは、個人的には他のスイーツから頭ひとつ分にょきっと抜きん出ていると思います。でも、視覚

的な側面はパフェの魅力のごく一部にすぎません。五感を総動員して、その構成を物語のように、あるいは生演奏のライブのように楽しめる。パフェの魅力は、食文化という括《くく》りよりももっと拡張して捉えたほうがよいと考えています。

パフェは、食べ物ではありません。

パフェは、音楽であり、映画であり、絵画であり、建築であり、文学です。

つまり、パフェは究極のエンターテインメントなのです。

本書はパフェについて書いた本ですが、パフェだけのことを書いた本ではありません。パフェのことを追究していったら、いろんなところにたどりついた思索の跡でもあります。

さあ、一緒にパフェの世界を掘り進めていきましょう。

ビギナーから、マニアまで。楽しみ方が深化する店。
東京・浅草のフルーツパーラーゴトー「本日のフルーツパフェ」

第1章 基礎編

第2章 応用編

第3章

発展編

第1章

基礎編

表層

入門に最適なパフェ選びから、「パフェの魅力とは何か？」「パフェの三層構造、二大思想とは？」まで。パフェを知りパフェを楽しむための第一歩はここから。

№01

パフェ沼への第一歩

パフェがブームである。

飲食物を提供する八《や》百万《およろず》のお店に、パフェはある。食べようと思えば、いつでもどこでもパフェが食べられる、とは言いすぎだが、気をつけて街を歩くと（ネット上を散策すると）、思いのほかパフェは遍在している。

レストラン、喫茶店（カフェ）、フルーツパーラー、甘《かん》味処《みどころ》、洋菓子店（パティスリー）、コンビニ、ジェラート店、デパ地下の洋菓子店、カラオケ、居酒屋、デパートの物産展……。サイズも中身も値段もいろいろなパフェがあふれている。

では、「パフェを食べてみようかな」と思ったときに、どこのどんなパフェから始めればよいだろうか。パフェ入門になりそうなパフェとはなんだろう。

気軽に楽しめるところというと、やはりファミリーレストランである。街の喫茶店でパフェをやっているところがあれば、そこもいいだろう。そして、もし季節限定のパフェが出ているなら、それを食べてみるのがよい。

具体例を挙げるなら、なんといってもロイヤルホストの季節限定のパフェ[*1]である（ロイヤルホストがない地域の方、すまぬ）。パフェというと、甘すぎるとか多すぎるとかで、最後まで楽しめなかったという幼少期のトラウマを抱えている諸氏も多いだろう。そういったイメージを覆《くつがえ》してくれるようなパフェが手頃に食べられること請け合いだ。実際、私は七年前に初めて「苺《いちご》のブリュレパフェ」を食べたとき、あまりのおいしさ、構成バランスのよさに「ファミレス史上最高のパフェ」とツイートしたのだった。ちなみに二〇一九年以降の季節限定パフェはどれも縦長のグラスの飲み口部分をクレームブリュレでおおい、中には季節の素材とアイスクリームが連なる大満足の構成になっている。オススメです。

さて、パフェ沼[*2]に入門して「パフェってすばらしい」と思えたら（絶対思え）、次に少し値の張るパフェにチャレンジしてみてほしい。首都圏ならば、タカノフルーツパーラーとか資生堂パーラーといった老舗《しにせ》のパフェや、パティスリーのイートイン。価格は千円台から、高めのもので二千円を超えるだろう。食べ物だと思うと高いが、「パフェは食べ物ではない」のだから問題ない。映画を一本観る気持ちで食べてみよう。

そして「パフェってすごい」と思えたら（是が非でも思え）、次はより限定性の高い予約制または数量限定のパフェを見つけてトライしてほしい。ここで具体例は出さないことにするが（その情報を自分で見つけること自体も楽しみの一つなのだ）、数日間だけ提供されるパフェや、完全予約制のお店もある。価格は二千円を超えるものが多くなるだろう。

＊1　およそ二～三か月で切り替わっていくから、要チェック。

＊2　ぬま＝沼。ネットスラングで、特定の趣味の世界にどっぷりハマっていることを意味する。

場合によっては三千円台になるものもあるが、問題ない。「パフェは食べ物ではない」のだから、問題ない。舞台やコンサートを観る気持ちで食べてみよう。

ここまで来て「パフェってすさまじい」と思えたら（何が何でも思え）、値段も交通費も気にせずに、日本全国の心惹《ひ》かれるパフェに会いに行けばいい。旅行気分でパフェを探訪するのだ。あなたを待っているパフェがある。

ブリュレの扉を叩いたら、もう後戻りはできない。

ホイップクリームとバニラアイスクリームで区切られた美しい三層構造を見よ。
ロイヤルホストの「苺のブリュレパフェ」（※季節限定での提供）

入門者向き ★★★
アイスの数 ★★★
毎年恒例度 ★★★

№02
五感でパフェを受け止める

パフェは香りが大事だ。パフェは音が大事だ。

こう言ったら、驚かれるだろうか。天邪鬼《あまのじゃく》だと思われるだろうか。

パフェは食べ物の中で「SNS映え」[*1]の筆頭に挙げていい存在だとは思うし、パフェはまずもって見た目である。その見映えのためにお店は並々ならぬ工夫と努力を重ねている。分かっている。でも、三千本ほどパフェを食べてきて思う。パフェって、見映えがいいのは前提条件だよね？　そしてそれに注目しすぎると、パフェの本質的な特徴を見逃してしまう。


五感が総動員される。これが、パフェの魅力の一つである。

食べ物は何でも五感で楽しむことができるが、パフェはその「振り幅」を大きくできる。「振り幅」とは、色（形）・味・香り・食感それぞれのコントラストのことで、パフェはそれがはっきりしているため、対比や変化を楽しむことができる。

＊1　SNSの中でもインスタグラムがパフェ文化にもたらしている影響は大きい。店側もインスタグラムでの告知に力を入れているところが多い。

・視覚

見た目は言うまでもない。華やかに盛り付けることで、色、形の美しさを愛《め》でることができる。パフェが他のスイーツや料理と異なるのは、その立体感である。パフェはその多くが縦長のグラスで提供される。これだけでも十分だが、グラスの上を自由に盛り付けることで、さらに立体感が増すことになる。色鮮やかなフルーツ、飴《あめ》細工、チュイール[*2]、様々に形の異なるチョコレートの飾り……。時に芸術品と称されるのもうなずける。

・味覚

パフェは甘いものと思われがちだが、他の味覚があってこそ甘みが引き立つ。酸味、苦み、時には塩味に辛み。え、酸味は分かるけど、他はパフェとは関係ないのでは……？と思ってしまった人。よろしい、銀座のピエール マルコリーニでチョコレートパフェを食べてごらんなさい。苦みが、いかにパフェの味わいを奥深いものにしているか分かるはず。

・嗅覚

特にパティスリーの作るパフェは、どう香らせるかで勝負してきている。ハーブはいいとして、お酒（ワイン香るジュレ〔ゼリー〕なんかはもう定番である）、調味料（しょうゆ、わさび、山椒《さんしょう》なんかも入っちゃう）、香辛料（カレーでお目にかかるやつらがパフェ界に殴り込みをかけてきている）。パフェって何なの？　料理なの？

＊2　フランス語で「タイル」を意味する薄いクッキー。

パフェの上にミントがのっていたら、必ずひとかじりして香りでパフェをスタートさせるのが私のルーティンであったが、最近はひと口食べるごとに、鼻と口のまわりをたゆたう香りに「むふーん、まふーん」と陶酔する。鼻が忙しいのである。

・触覚、そして聴覚

固さややわらかさを感じたり、温度変化を感じたり。やわらかいものは舌触りとかのど越し。固さのあるものなら歯ごたえや音（いわゆる食感である）。カリカリ、サクサクする素材が入るかどうか、何を入れるか。音を楽しむというのも、パフェの大きな魅力である。コーンフレークはパフェの定番だが、パティスリーではいろいろな素材を使っている。とりあえずパフェビギナーは「フィヤンティーヌ」[*3]という言葉を覚えておいて損はない。パフェをめぐる旅のどこかで出会うことになるだろう。

五感でパフェを受け止める。その体験を通して、逆に自分の感覚器官のポテンシャルが広がっていく気もする。自分はこんなことも知覚できるのか。その驚きとともに、また新たなパフェと出会いたくなる。

美しさを愛で、口の中に入れた後は目をつぶって、味とともに香りと食感まで。すべてをあますところなく楽しんで。

温かいチョコソースをかけていただくタカノフルーツパーラー パフェリオ本店のHOTパフェ
（※冬季提供予定）

＊3　薄いクレープ生地を焼いて砕いたもので、シャクシャクとした軽い食感が快い。

苦みがもたらす深み。
ピエール マルコリーニの「マルコリーニパフェ チョコレート」

苦み	★★★
格調	★★★
ベルギー度	★★★

№03

パフェは音楽であり、ライブである

パフェが他のスイーツと違う点として、「持ち帰れない」ことが挙げられる。[*1]

溶けちゃうから。サクサク感が失われるから。このことを、よく考えてみよう。

ケーキは、持ち帰ることができる。時間が経《た》っても形が崩れないように、物理的な移動に耐えられるように作られているから。

パフェは、時間が経ったら、台無し。でも、それでいい。できあがった刹那《せつな》の時間を愛でるものだから。固いものも、やわらかいものも、パフェグラスが支えることによって、共存できる。あるいは、グラス上に危うい均衡を保ちながら、目の前に現れる。

パフェには束《つか》の間の自由がある。冷たいものにも温かいものにもなれる。サクサク、パリパリ、トゥルトゥルにも。それらすべてになれる。異なるものがあって、移り行きがある。全体が調和し、そして、過ぎ去ってしまう。

だから、パフェは音楽であり、ライブである。

「アシェットデセール」と呼ばれる、作りたてのデザートをその場で楽しめるお店が増え

*1 最近はテイクアウトのできるパフェも増えているが、立体にはしづらく、時間経過に耐えられる素材で作らなければならないため、制作上強い制限がかかる。

ている。通常アシェットデセールとは皿盛りのデザートを指すが、パフェを提供するお店も多い。高さを出すことで、作り手がより立体的な表現を追求できる。そして、上下に層を成すことで、作り手のメッセージを込めやすくなる。

ところで、パフェはいつ「完成」するのだろうか。

神楽坂《かぐらざか》にあるアトリエコータのカウンター席に座り、パティシエが目の前でパフェを組み上げている間、ふと考える。完成、そりゃあ、パフェが提供される形に仕上がったときだ、とふつう思う。しかし、もしパフェが音楽のようなものだとするならば、目の前のパフェはまだ「楽譜」でしかないのではないか？　たとえば今、目の前に「和栗《わぐり》と黒烏龍茶《くろウーロンちゃ》のパフェ」ができあがりつつあるが、私が「演奏」を始めない限り、それはまだ存在すらしていないのではないか？（と思索は尽きないが、早く演奏を始めないと楽譜が台無しになっていく。なんて悩ましい！）

パティシエが空のワイングラスに黒烏龍茶のジュレを入れ、そしてレモン風味のアイス、黒烏龍茶のグラニテ[*2]をのせていく。コーヒーアイスを積み、サクサクのタルト生地の上から和栗のモンブランクリームを搾り、ピスタチオをぱらり。仕上げに飴細工をふわりと浮かべる。そうやって楽譜が紡がれるのを鑑賞した後で、今度は逆方向へと私が演奏する。飴細工を少し口に含み、残りを一旦皿の上にのせてから、ピスタチオと和栗の風味を楽しんでいく。

演奏しながら、その瞬間瞬間が完成である、と思う。コーヒー、レモン、烏龍茶の音色

＊2　ざらざらとした粒の粗い氷菓。

が快く響いていく。そして、演奏が完了したとき、それはもう過ぎ去っている。再び空となったグラスを目の前に、それがパフェなのではないか、と考える。

どんな楽曲も、演奏者の腕によって良くも悪くもなるということがある。一方で、すばらしい楽曲は、演奏者がよほどおかしなことをしない限り、よい音楽であるだろう。パフェにも、そういうところがある。

深く考えずに気楽に食べてもおいしい。けれども、もっとおいしい食べ方はないかと考えると、悩みは尽きない（いい悩み。うれしい悲鳴みたいなものだ）。

お店によっては、やんわりアドバイスをしてくれるところもある。[*3] フルーツソースはグラスの真ん中くらいまできたらかけて――。ここからはブランマンジェと青りんごのジュレを混ぜながら――。キャラメルアイスとシュトロイゼル[*4]を一緒に食べてみて――。それに従っておけばまちがいはないだろう。

でも、たいていはこちらの自由だ。自分好みに進めていって構わない。良くも悪くも、自分にしか聞こえない演奏なんだし。

アトリエコータ神楽坂店「神楽坂限定チョコパフェ」

＊3　お店の人からの食べ方のアドバイスを、私は「よい命令」と呼んでいる。

＊4　小麦粉、バター、砂糖などをポロポロのそぼろ状にした食感素材。

飴細工の奏で方、悩む。
アトリエコータの「和栗と黒烏龍茶のパフェ」(カウンターでの写真はなかなかきれいに撮りづらい)

ライブ感	★★★
立体感	★★★
見惚れ度	★★★

№04
パフェは、遠い日の花火ではない

「恋は、遠い日の花火ではない。」

往年のテレビCMの名コピーである。恋の何たるかも、人生の酸《す》いも甘いも知らない子ども心に、なぜだか印象に残るフレーズだった。

サントリーのウイスキー「NEW OLD」。中年の男女の、恋に発展するとも分からないふとしたやりとりを描いたCMだった。九〇年代半ばのことである。

恋は、遠く過ぎ去った人生の輝き、ではない。今もなお、火の点《つ》くきっかけを待っている花火、なのかもしれない。

さて。

パフェは、遠い日の花火ではない。

パフェを、遠い日の花火だと思ってやしませんか。もう過ぎ去ったものとして、若者(というか子ども)の特権として、自分には縁がないものとして。……本当は、その魅力を忘れられないでいるのに。

パフェを近くも遠くも感じる、という問題がある。

パフェを知らない人はほとんどいないだろう。日本の食文化では、パフェは身近な（身近だった）存在である。*1 でも、それを過ぎ去ったものとして、もう卒業したものとして見なした途端、自分とは全く関係ないと、観念的に遠くへ追いやられてしまう。

なまじそれを「知っている」と思っているもののほうが、遠ざけられてしまうということがある。それが呪われた記憶であればなおさらだ。パフェのトラウマ。いつかどこかで食べたパフェが、甘くて重くて、とてもとても食べきれずに残してしまい、以来パフェを頼むのを躊躇《ちゅうちょ》してしまう――。そんな心当たりはないだろうか。


時代は移り、パフェも変わった。

あのサントリーのテレビCMから、もう二十五年以上が経っている。当時全盛だったポケベルは携帯電話に取って代わられ、さらにスマートフォンが席巻《せっけん》する現代である。パフェも変わった。

ずいぶんシュッとして、甘みだけを強く押し出したパフェが少なくなってきている。辛《つら》く苦しい経験も人生に深みを与えてくれたと納得できるころには、人間の味覚も変化して、辛《から》さ苦さを快く感じられるようにもなる。そんな大人に寄り添うようなパフェが増えている。お酒に合うパフェもある。

お酒で思い出した。サントリー「NEW OLD」ってなんなんだ。古いのか、新しいのか。

*1 そもそも、パフェは日本で独自に発展した食文化と言える。

パフェもそういうところがある。レトロな雰囲気と、いつまでも色あせない鮮やかなイメージを併せ持っている。実際、パフェは日々進化している。新しい花火がどんどん打ち上がっているのだ。それを見逃してはいけない。

二〇一八年、ショコラティエ パレド オールで、花火をモチーフにしたパフェが登場した。グラスの上部は花火を模したチョコレートや金箔《きんぱく》つき飴細工、ココナッツのクリスタリゼ。自家製アイスが五種も入り、色鮮やかなジュレやクリームがグラスの底までパフェを彩っている。はじけるキャンディーも入っていて、見た目だけでなく、口の中、そして耳でも花火を感じられる演出がなされている。

パフェは、遠い日の花火ではない。目の前にある花火だ。口の中いっぱいに響き渡る花火だ。すぐに消えてなくなってしまうけれど、その余韻は心の中に残り続ける。

これも実はパチパチと弾ける飴を使ったパフェ。和光アネックスティーサロン「エスプレッソパフェ」(※二〇二〇年秋の限定メニュー)

パフェは、食べられる花火だった。
ショコラティエ　パレドオールの「パフェパレドオールHANABI」(※二〇一八年夏の限定メニュー)

華やかさ　★★★
儚さ　★★☆
聴覚刺激度　★★★

№05 パフェのA－B－A構造

パフェには順番がある。ここが、他のスイーツと圧倒的に違う。

パフェを横から見ると、層になっている。背の高いグラスに、地層のような積み重なりがある。

それら全体を、一時《いちどき》に口に入れることは普通ない。自然に食べ進めれば、おおよそ上の層から順番に口の中に入っていくことになる。

この「順番」がパフェにとって重要な意味を持っている。

パフェは、大まかには三層構造として捉えるのがいい。
私はグラスの上に盛られている部分を「表層」、グラス内部を「中層」、一番下の食べ終わりに差し掛かる部分を「深層」と呼んでいる。[*1]
表層は、立体的に飾られる、パフェにおいて最も目立つ華の部分である。ここにパフェのテーマも表れる。中層はグラス内に層を作っていく部分で、アイスクリームやムース、サクサクの食感素材など、バリエーションは多岐にわたる。深層はパフェの食べ終わりの

＊1　「中層」と「深層」の境界の判断は難しいものも多いし、その解釈は分かれることもあるだろう。

余韻に関わる部分で、ジュレやソースで終わる場合が多い。

第一印象が表層で決まるため、当然表層には力が入っていることが多いが、パフェビギナーの方は、ぜひ中層から深層に注目するようにしてほしい。メニュー写真でも、あまり極端に上の角度から撮られたパフェには要注意である。中層、深層がよく見えないということは、そこには自信がないのではとつい勘ぐってしまう。

さて、このように三層構造として捉えた上で、その構造によってどのような展開が待ちかまえているかを、物語のように楽しんでいくわけである。ただし、物語としてなじみの深い起承転結や序《じょ》破急《はきゅう》とは異なり、パフェの場合、一番最初がクライマックスという構成を取りやすい。

パフェの定番の構成は、盛り上がって、別の展開をはさんで、最後にもう一度盛り上がって終わるという、私が「A－B－A構造」と呼んでいるものである。

典型例として、タカノフルーツパーラー新宿本店の「静岡県産マスクメロンパフェ」を挙げたい。メロン果肉を存分に楽しんだ後で、ソフトクリームの中層でメロンのことを忘れさせ、そして深層で再びメロンが登場する。ソフトクリームという、メロンを引き立てる名脇役が中層に配置されることで、最後にメロンと再会する喜びもひとしおである。

ここまで読んで、「いや待て、自分はパフェの順番を割と無視して、少し掘っては前の層に戻り、という食べ方をしているんだが……」という人がいるかもしれない。実際にそういった食べ方のほうがおいしいと言う人も多い。これがパフェの面白いところで、我々は行きつ戻りつしながら食べることもできる。

これを私は「RPG（ロールプレイングゲーム）」のたとえで話すのだが、最終的にゴール（食べ終わり）に行きつくことができれば、そこまでのプロセスは一直線にゴールを目指すもよし、行きつ戻りつして景色を楽しみながらゆっくり進むもよし、なのである。

物語の大きな構造は存在しながらも、一方で食べ手は可能な限りおいしく食べられそうな手順を自分なりに見出《みいだ》して楽しんでいく。そんな自由に開かれた物語がパフェにはある。

明確に意識された三層構造。ナミ ザイモクザの休日喫茶室。

グラスの底で、また会えたね。
タカノフルーツパーラー新宿本店の「静岡県産マスクメロンパフェ」（画像提供：タカノフルーツパーラー）

再会の喜び ★★★
シンプルさ ★★★
メロン度 ★★★

№06
フルーツパーラー系とパティスリー系

パフェの分類の仕方はいろいろである。

パフェの中身で区別すると、フルーツパフェ、チョコレートパフェ、抹茶パフェのようになるだろう。

しかし、パフェビギナーには主たる二つの思想による分類を知っていてほしい。「フルーツパーラー系」と「パティスリー系」である。

・フルーツパーラー系

フルーツパーラー系の考え方は至ってシンプルである。

フルーツの魅力を最大限に引き出し、フルーツをおいしく食べてもらいたい。これに尽きる。

したがって、フルーツパーラー系のパフェの特徴は以下のようになる。

果肉は基本的に生（フレッシュ）の状態で使用し、大きくカットする傾向にある。そして、皮や種など、食べられない部分をパフェとして盛り付けることにあまりためらいがない。

パフェの構成はシンプルで、果肉以外の素材は多くは入れず、アイスやジュレなどもその果物を使用したものとなりやすい。歯ごたえのある食感素材はフルーツの風味を消してしまうことがあるため、ほとんど入らない。

まさに、フルーツのフルーツとしての魅力を味わわせるためだけにパフェが作られている。

この典型例として、果実園リーベルを挙げておこう。[*1] 果肉があふれんばかりにグラス上でひしめき合い、おのれの生命力を誇示している（人が盛り付けたのではない。果実自らが舞い踊っているのだ）。ただただ果物の元気がみなぎるいさぎよいパフェである。

・パティスリー系

パティスリー系は、スイーツとしての完成度や調和を重視し、洋菓子の技術を駆使しながら、素材と素材のマリアージュを楽しませることを主眼とするパフェである。焼き菓子やハーブやスパイスなども使用しながら、香りや食感も豊かな、複雑な構成をとる。

したがって、それぞれの素材は小さく、口の中に一緒に入るように計算されて作られる。フルーツ果肉が入る場合でも一口サイズ以下にカットされることが多い。また、フルーツを生で使用することにこだわらず、おいしく食べるための手段として調理を施す。甘く煮たり、キャラメリゼしたり、ワインでコンポートしたり。おいしい果物を使うというより

＊1 フルーツパーラー系の例として、他にフルーツパーラーフクナガ、フルーフ・デゥ・セゾン、フルーツすぎなどが挙げられる。

も、果物をおいしく使うという発想が強くなる。

・手段と目的

もう一度確認すると、フルーツパーラー系はフルーツを目的としたパフェである。フルーツをおいしく食べてもらうために、パフェという手段をとる。

パティスリー系においては、フルーツは手段となる。フルーツはおいしいパフェという目的を実現する一つの材料にすぎない。

映画やドラマでたとえてみると、フルーツパーラー系は、主役を演じる役者のキャラクターに合わせて脚本を「あて書き」する作品である。[*2] 一方パティスリー系は、脚本家のシナリオが主となり、それに合わせて役者が演じていく。

強烈な役者の個性によって物語を駆動させていく前者か、緻密なシナリオによって魅了する後者か。あなたはどっち？

パティスリー系は素材の組み合わせを重視。表参道のエンメワインバー。

*2 分かる人だけ分かってくれればよいが、最も典型的な事例は「アイドル映画」である。『セーラー服と機関銃』を見よ。

フルーツの、好きにさせる。
果実園リーベルの「フルーツパルフェ」(画像提供：果実園リーベル)

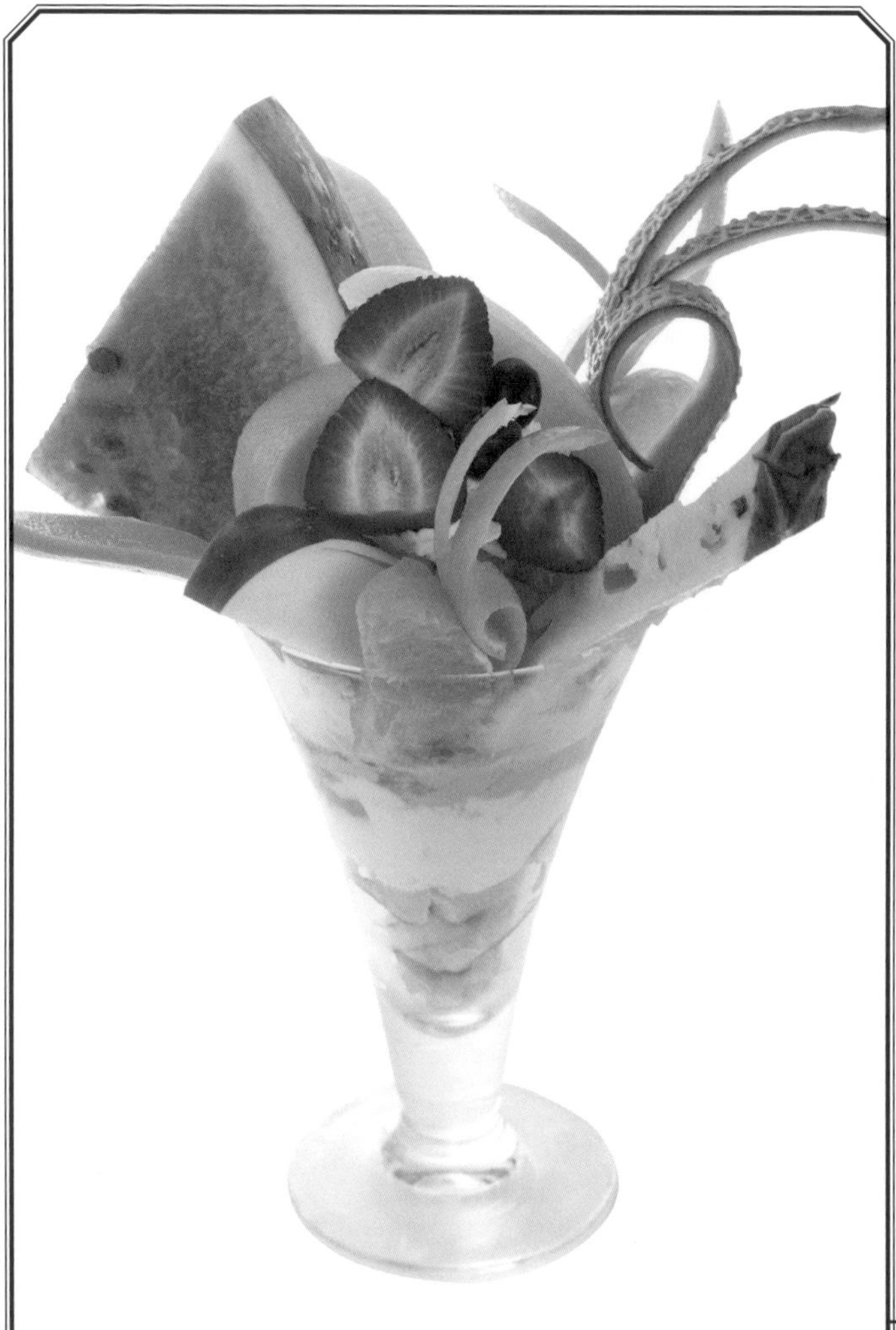

生命力	★★★
食べやすさ	★☆☆
乱舞度	★★★

COLUMN

「パフェ」と名乗るとパフェになる

「パフェとサンデーってどう違うんですか」という質問に、残念ながら分かりやすい回答はない。フランス語の「parfait」に由来するパフェと、アメリカ発祥のサンデー。形状も中身も似ていて、どちらを名乗っても大きな問題はない。というか、名付ける側も明確に区別していない。だから、私は「サンデー」を食べても、パフェとしてカウントしている。

パフェがブームになるにつれ、「パフェ」と名乗るデザート・スイーツが増えている。いままでであればもしかしたら「サンデー」、「ヴェリーヌ」、「あんみつ」、「ゼリー」と名乗っていたようなデザートが「パフェ」を名乗ったり、あるいはメニュー名としては「パフェ」を名乗らなくても、メニュー説明の中で「パフェ」という言葉を用いる事例が増えている。もちろん何でも「パフェ」を名乗れるわけではない。「パフェと言われればパフェかもしれないもの」が軒並み「パフェ」を名乗り始めるということだ。

もっと刺激的な試みとしては、パフェという言葉が指す領域に意図的な揺らぎを与え、拡張するような動きがある。「飲むパフェ」、「しょっパフェ」、「肉パフェ」、「パフェみたいな海鮮丼」、「～のパフェ仕立て」と、枚挙にいとまがない。「パフェ」のネームバリューで目を引き付けて、「でもこれってパフェなの？」と人の心をもやつかせたら勝ちである。気になったら、人は食べたくなるものだから。

デニーズ（※2020年の季節限定メニュー）
上）「シャインマスカットのザ・サンデー」
下）「シャインマスカットのミニパルフェ」
「ザ・パフェ」はいつ登場するのかな……？

COLUMN

おうちパフェ研究生活

「自分でパフェを作ったりしないんですか?」と聞かれるが、気が進まない。

気が進まないのは、6年前の苦い思い出があるからだ。1冊目の著作『東京パフェ学』刊行を記念して行われたイベントで、自分の考案したパフェを販売したのだが、これが大失敗だった。「うまい棒(めんたい味)」と小さく硬いラムネが大きな障害となり、来場客に忘れがたい負の記憶を残すことになってしまった(食べ物の恨みは恐ろしい)。

最近「おうちパフェ」が流行《はや》っている。おうちでパフェを上手に作るのは、決して簡単ではない。ただし、パフェは「料理」ではない。ここに希望がある。素材の組み合わせと積み重ねで、パフェは作れる。だから、おいしい素材を買ってくれば、なんとかなるはずだ。……ということで、久々に自作パフェの材料を探しにコンビニへ行く。アイス売り場、お菓子売り場、チルドコーナー。

パフェの材料として必要な素材は以下の3つである。

・さくさくとした食感を担う素材(代表例は「ルマンド」)
・ゼリーやプリン、ムースなど柔らかい素材
・アイス、シャーベット

パフェの主役は、できるだけ3種類以上の素材で変化がつけられるとよい。たとえば抹茶であれば、抹茶アイス、抹茶プリン、抹茶クリームというように、食感や風味の異なる3つ以上の素材を使うのである。そしてなるべくパフェの上から下まで、主役がいろいろな姿で登場する構成をとると、一貫性のあるパフェができる。お試しあれ。

1作目「さくらと抹茶のパフェ」
季節を感じられる筋の通ったパフェに。

2作目「マンゴーパフェ」
部分のおいしさが全体のおいしさにつながらず。

COLUMN

パフェこそ季節だ

「かき氷」は夏のイメージが強い。立派に夏の季語である。

では、パフェの季節はいつなのだ。

パフェには季節がない。一年中食べられる。パフェは、一年中様々に姿を変えて我々の前に現れる。おや、パフェが四季そのものではないか！

パフェの季節がいつか、ではない。いま目の前のパフェから季節を感じて、一年を過ごしていけばよいのだ。

1か月ごとに限定パフェを提供するお店が増えている。この1か月というのが絶妙な期間で、季節の移り変わりを実感しながら楽しむのにちょうどよい。油断していると食べ逃してしまう緊張感がまたよい。そういうお店をいくつか知っておくだけで、1か月の予定は心地よく忙しいものとなり、人生は四季の彩りに満ちたものとなる。

日本は果物の種類が豊富であり、それだけで十分に12か月を巡る素材が揃っている。これにチョコレートや、お茶や、野菜、ハーブ、お酒といった役者が加われば、メニューのバリエーションは無限に広がっていく。楽しい。

たとえば西葛西《にしかさい》にあるフォーシーズンズカフェは、月替わりのパフェを毎月3〜5種類提供しているお店である（通年提供のパフェメニューも豊富にある）。おおまかな一年の流れを見てみよう。いちご、柑《かん》橘《きつ》、枇杷《びわ》、さくらんぼ、メロン、マンゴー、スイカ、桃、いちじく、ぶどう、和梨、柿、洋梨。ほら、楽しい。

黒い苺 白い苺と 食べにけり（河東《かわひがし》碧梧桐《へきごとう》風）
フォーシーズンズカフェの「くろいちご&しろいちごのパフェ」（2016年のメニュー）

第2章

応用編

パフェ界に足を踏み入れたなら、知っておきたいソース、グラス、etc. 知れば知るほど新鮮な発見がある、それがパフェ沼。

中層

№01

出会う前には戻れない

あなたとの出会いがあまりに素晴らしすぎて、もう出会う前の自分が思い出せない、みたいな出会いは素敵だ。それを運命的だとか、奇跡だとか、言いたくなる。それは分かる。

けれども、J-POPの歌詞でよくある類《たぐい》の、「あなたなしでは生きていけない」というような物言いには、ずっと疑問を抱いて生きてきた。一種のレトリックであることは承知しつつも、幸せを強調するために、「あなたがいないと生きていけない自分」という不幸を引き合いに出すような言い回しがどうしても気に入らない。あなたとの出会いを、自らを弱く見積もることで美化することはあるまい。

もともとの自分に対して意味のない引き算をすることで、いまの幸せを引き立たせるなんて、自虐的でありつつも自己陶酔的で、悲劇の予感も漂う。「あなたなしでは生きていけない」関係性は、重い。依存しない自立性を保った上でなお、あなたとの出会いによって自分がもっと魅力的になったとか、変わったとか。そういう足し算の発想で生きていきたい、と思った。

パフェの話である。

下が膨らんだワイングラスに、自家製のジェラートと香りや食感のバラエティ豊かな素材で緻密な構成をした繊細なパフェ。代々木上原《よよぎうえはら》のパティスリー ビヤンネートルは、月ごとにパフェメニューが入れ替わる、パフェ界では知らぬ者はない超人気店である。

カウンター席に座り、「和栗／フィグ」をいただく。[*1]

和栗モンブランクリーム、和栗ジェラート、アールグレイシュトロイゼル、ダークラムのジュレ、いちじくのソルベ、フロマージュブランのブランマンジェ、ジュレアールグレイ。色も味も一段と深まる、秋にふさわしいパフェである。

和栗のジェラートに別添えのダークラム[*2]をかける。

和栗のジェラートは単体でおいしい。けれども、ダークラムをかけることでよりおいしいとも感じる。大事なことは、「和栗のジェラートが物足りないからダークラムをかける」のではないということだ。ただ、かけてしまったら、もう元の状態には戻れないということも確かだ。

こういう不可逆のプロセスを理解するのはとても大事なことのように思われる。あくまで単体の強さがあった上で、マリアージュがある。いや、もちろんダークラムをかけたあとに、それがかかっていない素のジェラートの部分を食べてもおいしいのだけど、それでもやはり、後戻りできない感はある。

＊1　二〇一九年十月のことである。ちなみに、ビヤンネートルのパフェは、二〇二〇年六月から、「メロン／ジン／レモン」のように三つの素材を並べた名前になっている。

＊2　ダークラムは、ラム酒の中でも風味が強い。なお「別添え」と書いたが、そういう日本語は辞書的には存在しない。みんな使っているから、そろそろ辞書に載せたほうがいいと思う。

いやいやしかし、と再び素のジェラートを味わいつつ考える。ダークラムとの出会いを経たあとで食べると、素のジェラートに感じるおいしさのレベルも、増幅していないか。出会いによって、もとの自分自身に対する認識も深まる。そんなことがあるのではないか。

出会ってしまったから、もうふたりでしか生きていけないだなんて、なんて窮屈なのだろう。ひとりで生きるも、ふたりで生きるも自由である。

まあ、パフェの話ですけど。

こちらは二〇二〇年六月、ジンシロップをかけるメロンのパフェ。

グラスの中にたゆたう香りを堪能《たんのう》あれ。
パティスリー ビヤンネートル「和栗/フィグ」

足し算の思想 ★★★
秋の深まり ★★★
シナジー度 ★★★

№02

グラスと対話せよ

ワインをワイングラスに注ぐことはできるが、パフェをパフェグラスに入れることはできない。パフェグラスに入ることによって初めてそれはパフェになるのだ。パフェグラスから独立したパフェがもともと存在するわけではない。これはパフェを語るにあたり、とてもとても大事なことである。


「パフェの絵を描いてください」「お安い御用です」さらさら。

「いやいや！　私はあなたにパフェの絵を描いてくださいとお願いしたのです。パフェグラスを描かずに、パフェだけを描いてくれませんか？」

まるで禅問答である。


パフェ哲学者になるためには、この問いと向き合わなくてはならない。

パフェは食べ物の呼称でありながら、どうやらその容《い》れ物を強く求めてしまうという類のものらしい。「容れ物」とは、あの、縦長の、逆円錐《ぎゃくえんすい》型の、パフェグラスである。

パフェグラスがなぜ縦長の形状をしているのかといえば、「パフェのA―B―A構造」で述べたように、層構造がパフェの本質に関わるからだ。[*1]

最近は平皿に盛られたものに「パフェ」や「パルフェ」という名前が与えられる事例も珍しくはなくなってきたが、(これがパフェ……)という心理的な抵抗を私もいまだに完全には消し去ることができない。層を成し、掘り進めるほどに次々と異なる景色が現れる。そこにパフェのロマンがある。

パフェを食べることが習慣化してきた人は、ぜひグラスの形状に注目してほしい。一口にパフェグラスと言っても多種多様である。[*2] なぜグラスがこの形をしているのか。それはこのパフェにとってどういう意味を持っているのか。作り手はどういう意図でこのグラスを選択したのか。あるいは、お店にあったグラスをたまたま使ったのか。それで、ちゃんとパフェのポテンシャルを引き出せているのか。

極論すれば、グラスの選択一つでパフェは良くも悪くもなる。中身がどんなに良くても、グラスのせいで台無し、ということはよくある。

簡単に言えば、パフェグラスは背の高さと口がどのくらい開いているかがポイントである。食べ始めるまでは見た目の違いだが、食べ始めれば、それは食べ方の違いとなる。口が狭いグラスの場合、上下の層構造は保持されやすく、自然に食べれば層の順番通りに食べられる(だから作り手も構造によるメッセージを込めやすい)。一方、口が広いグラスの場合、パフェの中身は混ざりやすくなり、また食べ進め方の自由度も増す。[*3]

＊1　美しい層構造を成すことができるパフェグラスがよりパフェらしいと感じられる。

＊2　昔ながらの厚手のガラスでできたパフェグラス、そして最近よく使われるワイングラス、口の開いたカクテルグラス。背の高いのから低いのまで、いろいろ。

＊3　とはいえ、「パフェのA―B―A構造」で書いたように、層を順番通りに食べるかどうかの決定権は食べ手にある。グラス形状による食べ方への影響はあくまで限定的で緩やかなものである。

たとえば、パティスリー&カフェ デリーモ東京ミッドタウン日比谷店のパフェ「サクラブロッサム」を見てみよう。デリーモのパフェグラスは口が狭く、背が高い。これによって、細かい層構造が可能となり、作られた物語の順番通りに味わう食べ方へと導かれる。

表層には桜の塩漬け、桜アイス、桜メレンゲ、グラス内に入ると桜とイチゴクリーム、ピスタチオアイス、そして桜チエリージュレ、チェリーコンポート、グリオットと桜ソースというように、めくるめく桜づくしの展開。それぞれの層の構成物の量は多くないため、次々と景色が移り変わるスピーディーな展開を楽しむことができるのだ。映画ならば、立て続けに事件が起こるサスペンス映画調とでも言おうか。

デリーモのような細く長い形状のパフェは、まず素直に順番通り楽しむといいだろう。慣れてきたら、構造を横から確かめつつ、掘って下の層を食べてからまた上へ戻るといった、RPG的な楽しみ方をしてもよい。

いずれにしても、パフェグラスによって食べ方が緩やかに決まる。グラスこそパフェなのだ。パフェを食べるときには、グラスと対話せよ。

同じ店でもパフェによって異なるグラスで提供されることの意味を考えるべし。

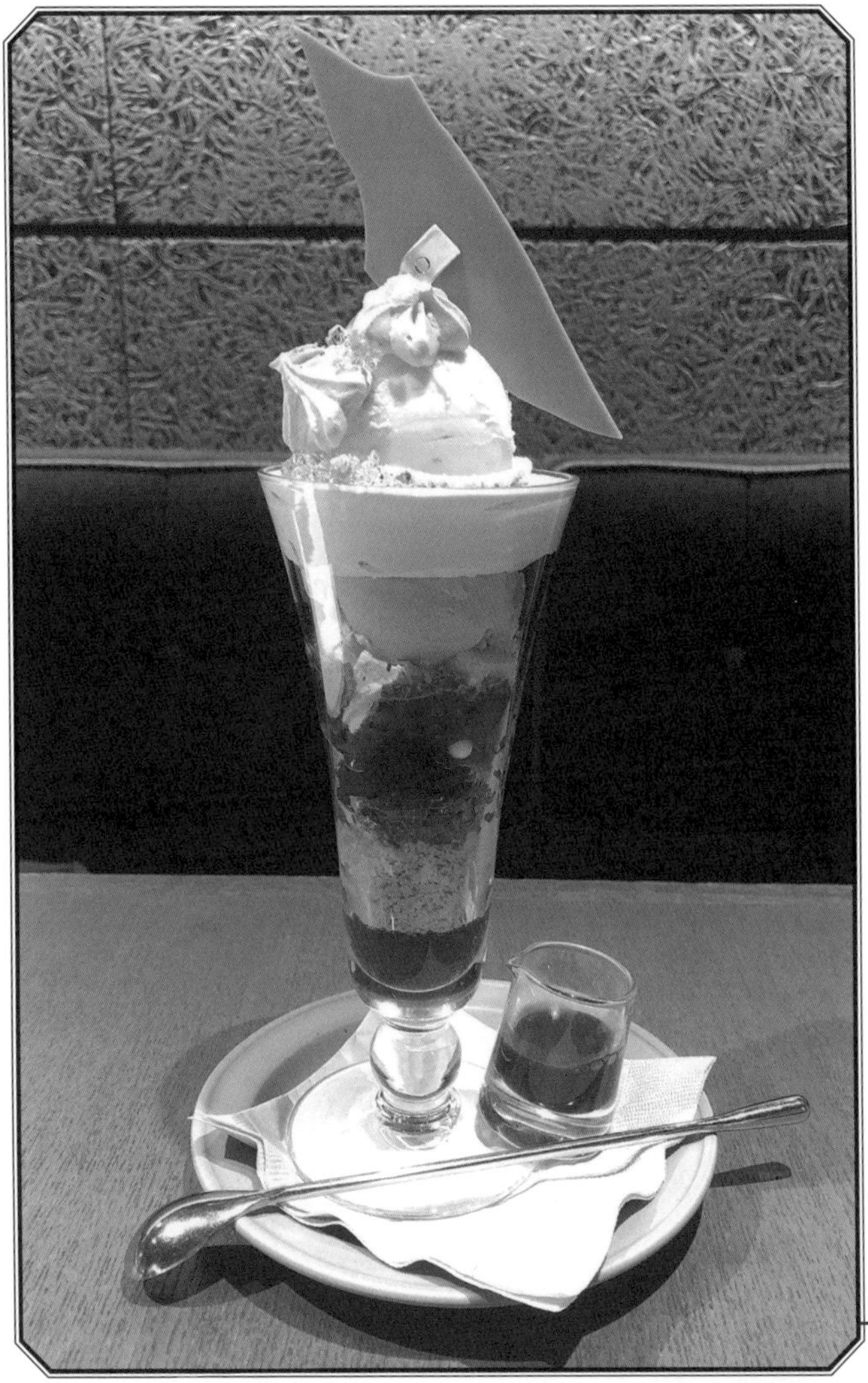

「この食べ方で、いいよね?」とグラスに相談。
パティスリー&カフェ デリーモ東京ミッドタウン日比谷店の「サクラブロッサム」(※春の限定メニュー)

スピード感 ★★★
春らしさ ★★★
スレンダー度 ★★★

№03

食べにくいという楽しさ

まだ多くの人類は、何かのきっかけがないとパフェを食べない。

打ち合わせの相手（仮にA氏としよう）も、これを機会にとパフェを頼んで、実に何年ぶりというパフェとのご対面になる。

かたや一日一本のペースで食べる私と、かたやいつ食べて以来かも思い出せないA氏。パフェが登場して、さあ食べようとなるとき、A氏は固まる。

（パフェって、どうやって食べるんだっけ……？）その視線は、自然と私に向けられる。

「どうやって食べるのが『正しい』んですか？」

いや、知らんがな、と思う。好きにしたらいい。「できるだけかき混ぜずに、層の順番を崩さないように食べてみてください」と個人的な意見を言ってはみる。

それでもなお、A氏はスプーンを片手にしばし考え込んでしまう。

今のところ、日本の義務教育でパフェの食べ方は教えていないらしい。いや、教えてはいても身についていないだけなのかもしれない。

パフェは、食べ方が分からないだけではない。そもそも、食べにくい。

最近は以前にもまして立体的な飾り付けのパフェが多い。元気なフルーツパフェは果肉が複雑に絡み合い絶妙なバランスで均衡を保っていて、さながらジェンガに立ち向かうようである。パティスリーのパフェも、グラスの上に帽子をかぶせたように飾るパフェをはじめ、食べ方を想像しにくいものが増えている。パフェビギナーは、どこから手をつければよいのか途方に暮れてしまうかもしれない。

くれぐれも言っておくが、パフェ界は寛容だから、パフェの食べ方が分からないからといって冷たくされるようなことはない。安心してほしい。というか、誰も正解を知らない中で、作り手も食べ手もみんな手探りで進んでいるのが「パフェ道」である。フランス料理のテーブルマナーのようなものはない。パフェへのリスペクトさえあればいいのだ。*1

パフェの食べにくさには、「悪い食べにくさ」と「やむを得ない食べにくさ」がある。

食べにくさが単純にストレスとなり、パフェのおいしさを大きく損なってしまう場合は「悪い」。食べにくさが、他の何の魅力にもつながっていない。この場合は作り手が食べにくさを把握できていないことも多い。

一方「やむを得ない」というのは、食べにくさを補って余りある魅力を有する場合である。たとえば果物がグラスから落ちそうなほど盛り盛りのフルーツパフェ。果肉に皮も種もついていて食べにくいが、むしろそれでこそフルーツの魅力が存分に表れているからよしと思う。

*1　一つ言えることは、パフェを食べ慣れてくると、食べ終わったあとのグラスがきれいになるということだ。上手に食べられるようになり、クリームなどの食べ残しが少なくなる。

過去最高に食べにくかったのは、札幌のパフェテリア ミル[*2]で食べた「うにパフェ」である。カカオシューの中にブラッドオレンジムースを入れることで「うに」に見立てたパフェだが、カカオシューに刺さったパリパリの「トゲ」がいちいち食べにくい。五十本ほどあるトゲはチョコレートでコーティングされている。それを一本一本手で引っ張り抜いて食べるとどうしても手がチョコまみれになってしまうのだ。しかしここまでくると、「食べにくいなー」と思いながら食べるのが楽しい、というレベルになってくる。だって、食べにくいのは分かって注文しているのだから。そして、どうやって食べたらいいんだろう、と試行錯誤しながら食べる。「蟹《かに》を食べているときは黙る」のと同様、人類は「うにパフェ」と真剣に向き合わなくてはならない。

ここに、「やむを得ない」を超える「食べにくさ」のポジティブな可能性を見出せるのではないか。「食べにくさ」は我々にどう食べるか（どう生きるか）を考えさせ、否応なくパフェ（あるいはおのれ自身）と向き合わせる。どう食べたらいいのか、どう食べたらおいしいのか、楽しいのか。「食べにくさ」もまたエンターテインメントなのだ。

迷え。迷いながら食べよ。

横浜・妙蓮寺の茶寿《さじゅ》「食べにくさの追求 第二弾！丸ごと洋梨のパフェ」

＊2　札幌の夜パフェ専門店。系列店として、東京に三店舗がある。渋谷と新宿三丁目に「パフェテリア ベル」、池袋に「モモブクロ」。

パフェテリアミル（札幌）の「うにパフェ」（二〇一八年七月撮影）
「うにをトゲごと食べてきたよ」

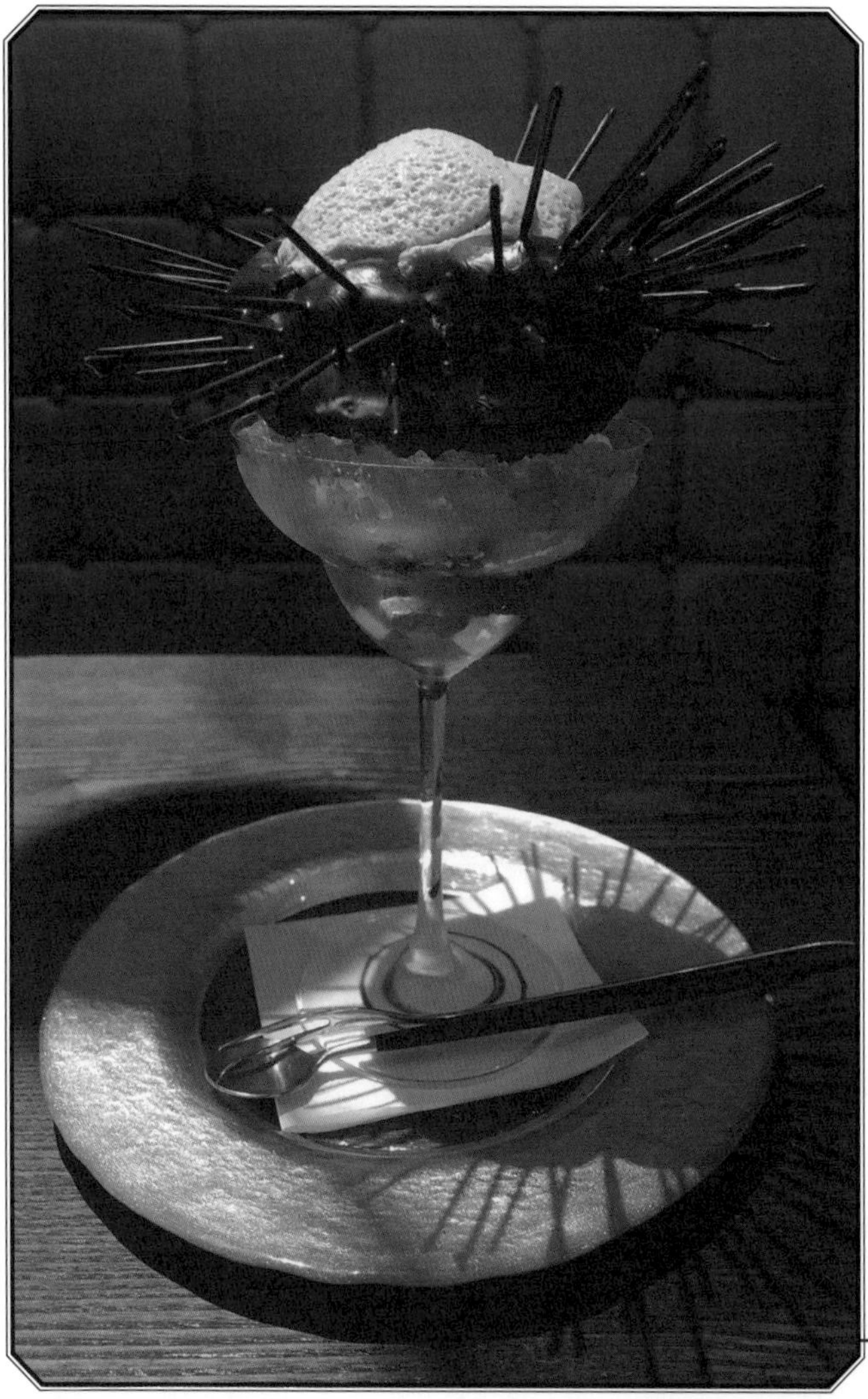

食べやすさ　☆☆☆
インパクト　★★★
黙々度　★★★

№04

自作自演の罪悪感

インターネットでパフェの画像を漁《あさ》っていると、そこに「罪悪感」という言葉がついてくるのをよく目にする。

「こんな時間にパフェを食べちゃって、ちょっと罪悪感」、というように。

……個人的には、あまり好きな言い回しではない。

「罪悪感」は「悪いことをした」という感情のことだが、パフェについてまわるそれのほとんどは、食べている自分自身に対してのものだ。つまり、太ってしまうとか、不健康・不摂生なことの原因として、パフェを悪と見なしているわけである。

……パフェは悪者じゃないぞ。

いや待て。落ち着いて考えてみよう。この「罪悪感」の秘密について、ちゃんと考えてみよう。[*1]

なぜ、人は罪悪感を感じてまでパフェを食べるのか、食べざるを得ないのか。悪いと思うなら、食べなければいいではないか。……違うか。悪いと思いながら食べる、ということに魅力があるのではないか、もしかしたら。

＊1　強く「罪悪感」を感じるのは、やむを得ずパフェを残してしまったときである。ここ十年で三千本ほどのパフェを食べたが、そのうち残してしまったパフェは四、五本くらいである（あまりにも多かったときと、あまりにも口に合わなかったときだ）。

「罪悪感」のプロセスを以下のように想像してみる。

「罪悪感」が誰かの心に発生した当初は、自らの身体に対しての「わるい食べもの」[*2]としてパフェが現前している。しかし、パフェの魅力には抗《あらが》えず、食べてしまう。その結果、「罪悪感を感じながらも食べてしまう」ということが快感となる。そもそも、この「罪悪感」は自分自身に対してのものであって、他人を傷つけないという意味においては、罪ならぬ罪である。そして実存的な危機をもたらすような罪でもなく、心に傷は残らない。だから次第に、「罪悪感」と口にすること自体が免罪符のようになって、それはパフェの中にとろり溶けてなくなってしまう。

絶叫するほど怖いジェットコースターにわざわざ乗ってしまうように、人の感じる「快」は複雑である。より正確に言えば、プラスとマイナスの振り幅を人は求めているのであって、絶対にプラスに戻ってこられると信じられるマイナスを、人は楽しむ。

つまり、パフェの「罪悪感」は楽しく食べるための「言い訳」であり、甘い世界に堕《お》ちていくための盛大な「前フリ」なのではないか。

ふと思い出したが、自分も「罪悪感」に似たものを感じることがあった。それは、あまりにもすばらしいパフェと出会ったときである。こんなにも美しい、尊いものを、「こんな私（分不相応な私）」が食べてしまっていいものだろうか、という意識である。ここでは、パフェが善きもの、完全なるものとして我々の前に現れる。「罪悪感」というよりも、身が引き締まる思いといった感じで、このパフェにふさわしい人間であらねばならないとい

＊2　小説家・千早茜さんのエッセイ集のタイトルを拝借。

う気持ちになる。これもまた自作自演の一種で、パフェの前でひざまずいてから昇天するという振り幅による快楽がある。

こんなにも、パフェは都合よく善にも悪にもなる。愛すべきニクい存在である。

……さて、買っておいたパフェでも食べようか。

ファミリーマートの「窯出《かまだ》しプリンのパフェ」。上に丸ごと一個プリンがのり、続いてホイップクリーム、スポンジ生地、プリンムース、カラメルゼリー、底にプリンが入ったプリンづくしのパフェである。三百八十五キロカロリー。深夜に「罪悪感」を感じるにはぴったりのパフェではないか（わざわざ「罪悪感」を求める気満々である）。

……あれ、そんなに甘すぎなくて、ちょうどいい。「罪悪感」なんかちっとも感じない。

この原稿にうまくオチをつけるために、むりやりパフェに「罪悪感」を感じようとしても、無理でした。そういえば、私はパフェを食べていないことに「罪悪感」を感じる人間だった。

ファミリーマート「窯出しプリンのパフェ」（※二〇二〇年の商品）
善悪は人が作るもの。

罪悪感　☆☆☆
お手頃感　★★★
プリン度　★★★

№05

パフェのルーティン

毎日のようにパフェを食べていると、パフェ体験をより深めるためのルーティンが定まってくる。スポーツ選手のメンタルコントロールの文脈でよく登場するルーティンだが、パフェと対峙《たいじ》するにあたっても、心を落ち着けて、より楽しめる精神状態を保つために役に立つ。ここでは、パフェの注文から食べ終わりまで[*1]の一連の流れをご紹介しよう。

・セットリストを組む

メニューを選ぶ。店員さんにオススメを聞くのもよいが、自分がこれと思うものを頼むのがよい。一つに絞れない場合は、二つ食べればよいのだ。この場合、パフェの順番を決める必要がある。その作業を「セットリストを組む」という。[*2]パフェの順番は重要である。風味が濃いパフェは後にするなどして、全体としておいしく食べられる流れを作るのだ。たとえば、濃厚なチョコレートパフェは後に食べたほうがよいし、同じフルーツでも、桃とマンゴーだったら風味の繊細な桃を先に食べたほうがよいだろう。

「レギュラーメニュー後回しの法則」というのがあって、ついつい期間限定のパフェばかりを頼んでしまい、通年で提供しているパフェを一度も食べていない、ということが起こ

＊1　お店に入ってどの席に座れるか、ということも実は重要である。写真の撮りやすい席、パフェを作っているところを見られる席など、お店によって「ここ」という場所がそれぞれあるはずだ。

＊2　一日に何店舗もまわる場合に、お店の順番をどうするかということにも「セットリスト」という言葉を使う。いずれにしても、一日に複数パフェを食べ始めたら、「沼」にしっかり足を突っ込んでいると言えるだろう。自分がアイドルオタクだったころ、アイドルのライブの昼・夜二回

る。気をつけよう。

・**パフェを待つ**

この時間も重要である。もし食事をした後にパフェを頼んでいるなら、机の上を紙ナプキンなどを使ってきれいにしておこう。また、できるだけ机の上に物を置かず、パフェが提供されたときにパフェだけが目に入るようにしておきたい。パフェを食べる集中力を高めるためである。

・**パフェの登場**

パフェが来る。店員さんがパフェの構成や食べ方を説明してくれることがあるから、しっかり聞こう。*3 写真は手早く撮る。*4 斜め上から、真横から、真上から。

・**嗅覚でスタート**

さあ、ここからは浅草のフルーツパーラーゴトー、「宮崎産の完熟マンゴー『太陽のタマゴ』のパフェ」*5 を例にとって、パフェの食べ方を見ていこう。まずは、念入りに匂いを嗅ぐ。「太陽のタマゴ」の熱を帯びた匂い（香りではなく、匂いである）。パフェは嗅覚でスタートだ。

マンゴーが花びら状にグラスの上にのっている。その一片にフォークを刺す。もしパフェにスプーンとフォークが供された場合、表層部分（グラスの上の部分）はフォークのほうが食べやすい。マンゴーぺらりの中央部分にフォークを刺し、両端をそれぞれかじり、最後に中央部分を口に入れる。つまり一片を三回に分けて食べる。一度口に入れるごとに、

公演を両方観るのは当たり前だった。「沼」とはそういうものであろう。

＊3　店員さんの説明をメモを取って聞くということは、何か取材っぽさが出てしまってあまりしたくない。また、しばしば作り手の視点から、構成の説明はグラスの底から上へ（つまり食べる順番と逆に）なされることもあり、覚えづらい。悩む。願いがひとつ叶うなら、パフェの説明を完璧に記憶できる能力がほしい。

＊4　初めてのお店だったら、写真を撮ってよいか確認しよう。

＊5　「太陽のタマゴ」は、糖度十五度以上、一玉約三百五十グラム以上などの基準を満たした宮崎産マンゴーの高級ブランド。

目をつぶろう。鼻から抜ける濃密なマンゴーをあますところなく感じる。宮崎のマンゴーは外国産に比べて滑らかさが違う。口の中で溶かしながら、その糖度の高さに驚くがいい。この工程を、マンゴーの花びら十二片に対して行う。できるだけゆっくりとだ。時々、マンゴーアイスや、中層のバニラアイスも口へと運びながら。

・混ぜるか混ぜないか

パフェは混ぜて食べるのか、混ぜないで食べるのかと聞かれることがある。基本的には混ぜすぎないように食べたい。お店によっては「混ぜ合わせてお召し上がりください」と説明されるパフェもある。そういう場合でなければ、層の順番に従って、でもだんだん混ざっていくパフェを楽しむ。

バニラアイスが溶け、グラス底のマンゴー果肉が混濁する。甘み同士のまみれ合いもまたよいものだ。底に果肉がある喜びをかみしめながら。もう終わってしまう名残惜しさも愛でながら。

・水が飲めない

パフェを食べ終わった後で、好きなルーティンがある。「水を飲もうとするが、飲めない」という一連の所作である。

水を飲もうとするその手を、私は止める。止まる。口の中にパフェの余韻が残っているから。まだ飲めない、飲むべきじゃない。そうやって、コップを持った手が止まってしまう。その瞬間の自分がいとおしい。ルーティンなのに、自分でコントロールできていない

＊6　「感想戦」は将棋、囲碁、チェスなどの対局後、対局者同士が対局内容を振り返ることである。その主眼は、対局を見ていた人に対する解説の意味もあるし、よりよい将棋とは何なのかを追究することにもある。

感じ、いなくなってなお、絶大な力を持つパフェに翻弄される感じがたまらない。

こうして私は、映画になぜエンドロールがあるのかを知る。余韻はゆっくりと味わうべきものだからだ。

・感想戦

食後の数分は、パフェの展開を心の中で思い返し、どういうところが魅力的だったか、自分の食べ進め方に誤りがなかったかを反省する。これを将棋になぞらえて「感想戦」と言っている。[*6] 理想を言えば、五分間くらい目をつぶって考えたい。もう目の前から消えてしまったパフェと対話をするのだ、よりよきパフェ体験のために。

フルーツパーラーゴトー「宮崎産の完熟マンゴー『太陽のタマゴ』のパフェ」（季節限定）むわっと匂う。

匂い	★★★
じっくり	★★★
興奮度	★★★

キルもあるのに、汚れ仕事を押し付けられたばっかりに、不当な評価に甘んじているのではないか。そうこうしているうちに、シュッとしたおしゃれな若手たちに居場所を奪われてしまった。

コーンフレークは悪くない。それを使う方法に良し悪《あ》しがあるだけだ。

といいつつ、私はサクサクと耳にも快いフィヤンティーヌが一番好きである。すまん。

ブラッスリー・ヴィロン渋谷店の「キャラメル リエジョア」
もふもふ、ざくざく、にがーい。

COLUMN

コーンフレークは悪くない

コーンフレークは、パフェの中の悪役になりやすい。

複数人でシェアをするジャンボパフェをはじめ、パフェは大きい(背が高い)ほうがいい、という思想はいまだ根強く、高さを出すための一つの解がコーンフレークによるかさましである。

パフェを横から見て、底のほうにコーンフレークが分厚く層を成していたら、「かさまし」だなあと思う。もう少し悪意があると、メニュー写真を斜め上から撮って、下の層がどうなっているのかが見えないものもある。求人広告の給与例(入社3年目で年収1000万!)のように、この世には見せたいから見せているごく一部と、見せたくないから隠されているその他多くの部分がある。

あらためて、コーンフレークについて考える。

パフェにコーンフレークを入れるメリットはいくつもある。食感、香ばしさ、温度変化。アイスやクリームなど柔らかいものが多いパフェの中で、カリカリとした食感がアクセントとなり、香ばしさも感じられ、また冷たくなった口の中を常温に戻す役割も果たす。なかなかいいやつである。

たとえば、渋谷と丸の内にあるブラッスリー・ヴィロンで提供している「キャラメル リエジョア」。ふわふわで盛りだくさんのホイップクリーム、香ばしいアーモンドのチュイール、にがーいキャラメルアイスクリームという強いパーツと共演することで、コーンフレークのカリカリとした確かな食感と香ばしさが生きている。

しかし、コーンフレークはパフェの構成上デメリットもある。食感や香ばしさが他の素材を負かしてしまう場合があるのだ。特にフルーツパフェを食べ進める中で、果肉とコーンフレークが同時に口に入ると、フルーツ果肉のおいしさを阻害してしまう。また、コーンフレークは意外と分厚い。たくさん入っている場合、咀嚼《そしやく》にかなりのエネルギーを要するため、他の素材を食べる体験の邪魔になる恐れもある。

そういうこともあってか、最近の、ことに専門店のパフェではめっきりコーンフレークを見かけなくなっている。その代わりに、もっと軽い食感の素材が入ることが多い。フィヤンティーヌ、パイ生地、グラノーラなどなどである。

コーンフレークはそれなりにス

COLUMN

いつでも・どこでも・だれでもパフェ

お店の人が作ったパフェを、お店で食べるというのを「通常」のパフェとするならば、「通常」ではないパフェも次々と登場している。

テイクアウトのパフェ自体は以前からあるが、ここ数年流行ってきているのが、お店で提供されたパフェをそのまま外で食べる「食べ歩きパフェ」である。アイスなど時間に制約のある素材も入れられるため、お店で食べるパフェと近いものにできる。

一方、パフェを客側（食べ手）が作るというケースがある。たとえば、「オーダーメイドパフェ」は、客がパフェの中身となる素材を選んで、自分だけの組み合わせのパフェを食べられるというものである。それでも多くの場合パフェ自体の組み立てはお店の人が行うのであるが、客がパフェを作れるという試みもある。

新宿歌舞伎町の「ロイトシロ」の2020年4月後半の限定パフェは、中身を選んで、希望すれば自分で組み立てることができた。各パーツはすべてパフェ用に作られたものであるから、どう選んでどう作ってもおいしいであろうという圧倒的な信頼感がある。それでいて、自分で中身を選べる楽しさと、どのような順番がベストか、ドキドキしながら組み上げる面白さがある。それが正解だったかどうかは、食べ進めながら答え合わせをする（フィヤンティーヌを入れる場所は間違いだったかもしれない……）。心に傷を残さない失敗は、時にエンタメになる。

「おうちパフェ」の盛り上がりの中、お店がパフェの材料一式を提供する「おうちパフェセット」も登場した。パフェの可能性は今後も広がっていきそうである。

ロイトシロ「真っ白なキャンバスパフェ」
あれ、作るの意外と上手じゃない？

幕間
フルーツ各論

*

パフェと切っても切れない
関係にあるフルーツたち。
代表的なフルーツのパフェ
について考えてみよう。

№01 お飾りじゃないのよいちごは

冬から春にかけては、旬《しゅん》を迎える果物が少なく、フルーツパフェの種類が限られてくる。実質、いちごの天下となる。私のテンションは下がりぎみである。

誤解してほしくないのだが、私はいちごそのものが嫌いなわけではない。ただ、いちごパフェとなると、手放しで受け入れてはいけないという警戒心がどうしても働いてしまうのだ。

いちごはフルーツ[*1]の中でも特別なアイドル的存在だと言えるだろう。アイドルグループなら、センターに位置する王道アイドル。もちろんイメージカラーは赤。

いちごのかわいいイメージは多くの人に愛され、ファッションから文房具などの生活雑貨に至るまで、様々なアイテムのモチーフに取り入れられていて、単なる食べ物を超えた文化を形成しているようにも思える。いちごパフェについても、その人気はインターネット上で拡散されるビジュアルイメージに支えられている側面が大きいだろう。このように、複製可能なイメージがどんどん広まっていく様子もまたアイドル的である。

つまり、いちごは良かれ悪しかれそのビジュアルイメージが先行しがちである。見た目

＊1　いちごをフルーツ（果物）とみるか、野菜とみるか。たとえば、樹に実がなるかどうかという基準で判断をするならば、いちごも（メロンやスイカも）野菜となる。とはいえ、多くの場合フルーツと見なされているのだから、ここではフルーツとして扱う。

のかわいさ（魅力）が強すぎるあまり、それ以外の食べ物としての要素（香りや味）が軽視されてしまう恐れがある。アイドル文化に詳しいライムスターの宇多丸氏[*2]は、アイドルを「魅力が実力を凌駕《りょうが》している存在[*3]」と評したが、いちごも魅力（見た目のかわいさ）が実力（香りや味）を凌駕してしまいやすい存在と言える。

そうすると、いちごの魅力に依存しすぎたパフェ、というものがどうしても出てきてしまう。「フルーツパーラー系とパティスリー系」で述べたように、フルーツの実力を存分に表現できているならよい。しかし、いちごパフェの中には、いちごを入れさえすれば、他の構成には頓着しないというものも多いのが現実である[*4]。

視覚的なイメージが強いだけに、お飾りの存在にもなりやすい。いちごパフェはそういう危うさをもっている。

というわけで、いちごパフェについては厳しい目で臨むことが多いわけだが、そんな中でもすばらしいいちごパフェがある。秋葉原の知る人ぞ知るフルーツパーラー、フルーフ・デゥ・セゾン。ここの「イチゴパフェ」は、いちごの突き抜けた実力で押し切ってくるパフェである。

まず、いちごがでかい。絵画の世界で、強調したいものは大きく描くことがあるが、そんな感じ。なんだか縮尺がおかしい。そして、強く甘い。そんないちごがゴロゴロと入っている。

＊2　ラッパー。ヒップホップグループ「RHYMESTER（ライムスター）」のメンバー。アイドルや映画に造詣が深い。

＊3　この定義は宇多丸氏が以前から何度も話しているもので、私が初めて聞いたのはTBSラジオの「ライムスター宇多丸のウィークエンド・シャッフル」（今は終了）だったか、いまひとつ判然としない。実際には、「魅力」と「実力」の区別ははっきりとつくものではない。ここにアイドルを語る難しさがある。

＊4　甘くないいちごを生クリームの甘さでごまかそうとしているパフェなどもしんどい。

いちごの他には、生クリーム、バニラアイス、ヨーグルトアイス、いちごシャーベット。生クリームも甘いが、いちごの甘さがそれに負けない。というより、いちごの甘さを、他の素材が頑張って追いかけていっているように感じる。そして、いちごの風味の邪魔となるようなコーンフレークなどは入らない。グラスの中までいちご果肉がしっかりと入ったパフェである。徹頭徹尾、いちごで貫いている。すばらしい。

そこにいてくれれば何もしないでいいよ、みたいなお飾りのいちごじゃなくて、いきいきと輝いているいちご[*5]のパフェに、今後もお目にかかりたい。

しかしながら、最後に私の個人的な好みを言うなら、いちごより柑橘系のほうが好きである。甘みだけでなく、酸味、苦みもある一筋縄ではいかない感じがいい。アイドルグループなら、センターよりも、黄色系の元気キャラのメンバー。ヒーロー戦隊ものなら、真ん中の「なんとかレッド」の横にいる、ちょっとクセのあるタイプ。パフェに変化球を求めてしまう私である。

フルーフ・デゥ・セゾン「気まぐれ柑橘パフェ」にもいちごがのっかる。

＊5　農家さんのたゆまぬ努力のもと、いちごの新しい品種も続々と登場しており、味や香りのすばらしいいちごたちが使われたパフェも増えている。

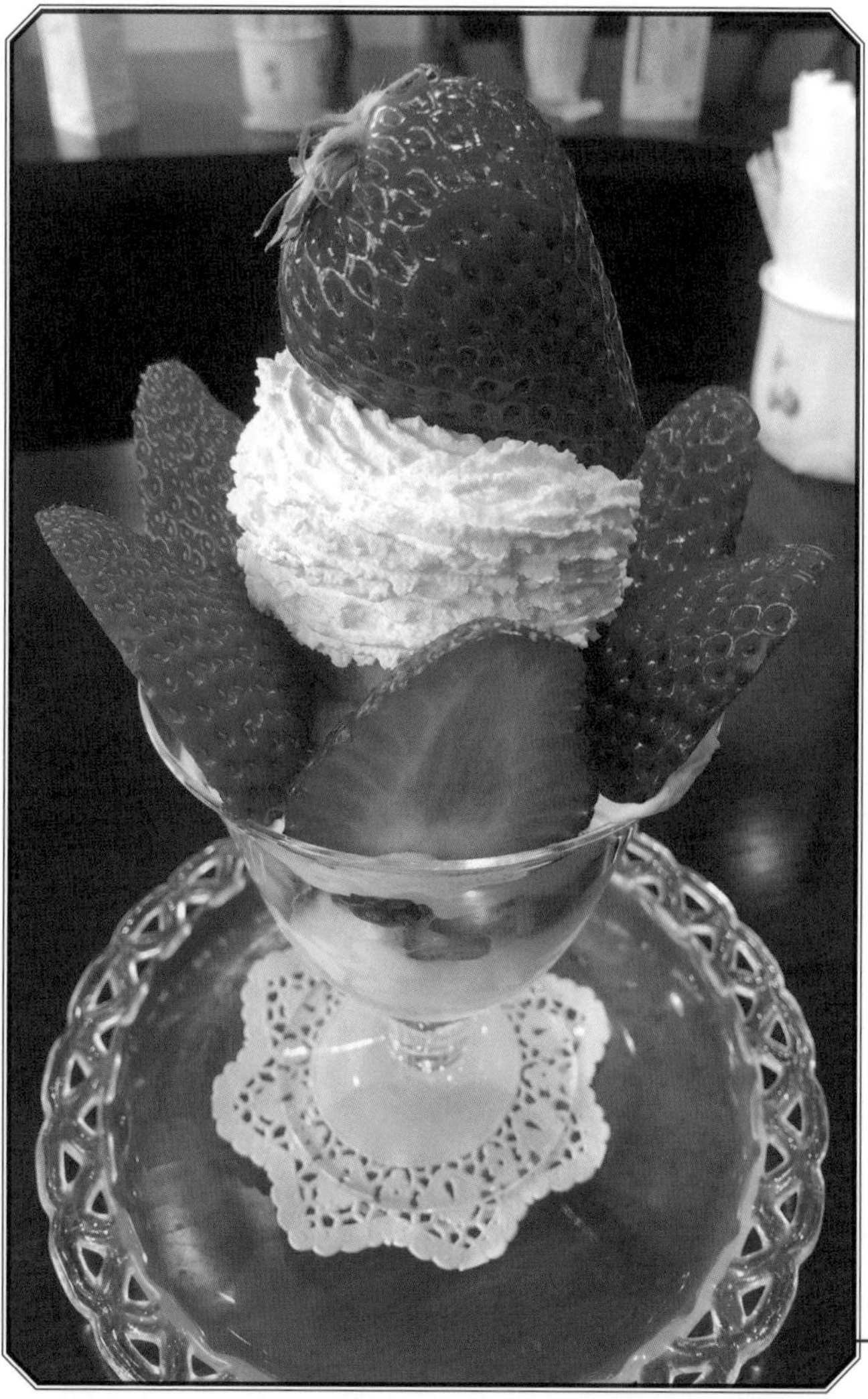

縮尺、間違ってませんか（でかすぎ）
フルーフ・デゥ・セゾン「イチゴパフェ」

でかさ	🍓🍓🍓
甘さ	🍓🍓🍓
センター度	🍓🍓🍓

№02

桃パフェの熱狂

パフェのフルーツと言えばいちごをイメージされることが多いかもしれないが、いちごパフェ以上に熱狂的な人気を誇るのが桃のパフェである。いちごの出回る時期が十二月～五月くらいまでと長く続くのに対し、桃は六月後半～八月くらいであっという間に過ぎ去る。その分、瞬間最大風速がすさまじいのである。例年、桃パフェのための大行列や、予約殺到という話題に事欠かない。

まずは桃パフェの特徴を確認しておこう。桃はやわらかくジューシーな果物であり、パフェに適したフルーツである。白桃と黄桃を使って二色の桃パフェにしたり、固い果肉とやわらかい果肉を使い分けたりと、工夫の余地もいろいろある。同じく夏の定番フルーツであるマンゴーやメロンほどは風味に癖もないので、桃が苦手な人は少ない印象もある。

フレッシュで使う「フルーツパーラー系」のほか、コンポートにしてもおいしいため、「パティスリー系」のパフェでもよく登場する。イギリス発祥のデザート「ピーチメルバ」も日本ではパフェの一形態のようになって、パフェグラスで提供されたり、パフェの名称の一部に「ピーチメルバ」が取り込まれたりすることがある。

とはいえ、桃パフェはフレッシュの桃を使用することが多い。中でも、パフェブームとともにここ数年異様な盛り上がりを見せているのが「桃まるごと系」パフェである。桃の果肉をグラスの上にでんとのせたインパクト満点のパフェだ。皮を剝《む》いた丸ごとの桃を拝めるパフェが全国各地に登場し、インスタグラムでもよく見かける。

「桃まるごと系」と書いたが、他の「まるごと系」パフェは少なく、洋梨がたまに見られるくらいである。小さいいちごやぶどうはわざわざ「まるごと」とは言わないし、柑橘系はまるごとは使用しづらく、メロンは大きすぎる。桃と同じような大きさと言えばりんごだが、りんごの固さはパフェに適さない。桃パフェがそもそも人気な上に、桃が最も「まるごと系」パフェにしやすいということで、爆発的に流行っているのである。

なぜか知らないが、「桃まるごと系」は愛知県でよく見かける。名古屋のカフェ・ド・リオンのパフェは、背の高いグラスにボールがはまったように桃がまるまると飾られている。桃果肉の他にも白桃入りソフト、白桃ジュレが入った白桃づくしのパフェで、パイの長い棒が刺さっているのが特徴的だ。特撰《とくせん》バニラアイスやシフォンもよい脇役となって桃を引き立てる。桃は何と言っても口に入れると「じゅんわー」と広がる果汁である。じゅーしーである。「桃」というより「もも」である。いや、「もも」というより「もっも」である。食べちゃいたいくらいかわいいペットのように[*1]、親愛の情を込めて、「もっも」と

＊1　たとえば、ネットスラングで「犬」を「イッヌ」と呼ぶ現象がある。

呼びたくなる。

　カットした桃を飾り付けているパフェはまだ食べやすいほうで、お店によっては桃を半分に切って種の部分にクリームなどを入れてから元のように「接着」してグラスの上にのせているパフェもある。正直、とても食べにくい。グラスの上にまるまると居座った桃を、結局グラスから降ろして食べるしかないのである。ここでは、食べやすさより、桃パフェとしてのビジュアルの都合を優先させている。

「どうせ降ろすのに、なぜわざわざのせるのか」と問うことは重要である。端的な答えは、「そのほうが見た目が面白いから」である。しかしあえて高尚に、「『どうせ』に抗うことこそが文化だからだ」と嘯《うそぶ》いてもいいだろうか。どうせ脱ぐ服を人は着るし、どうせ下りる山を人は登るし、どうせ死ぬ人生を人は生きるのである。

　どうせ腹の中で一緒くたになるパフェの層構造の一つ一つに、私はきゃいきゃい言っているのだ。

　よかろう。パフェの都合に、人は合わせようではないか。

かわいいし、おいしいから、許す。

名古屋・一社《いっしゃ》のLITRE《リトリ》
「まるごと桃のパルフェ」
（二〇一八年撮影）

カフェ・ド・リオン「特撰白桃づくしパフェ」（画像提供：カフェ・ド・リオン）
桃パフェは、桃が一番エラい。

高さ
ジューシーさ
もっち度

№03

ぶどうパフェのポテンシャル

一年中パフェを食べているが、秋が一番悩む季節かもしれない。

ぶどう、いちじく、梨、栗といった旬の食材も豊富で、どこのお店のどのパフェを食べに行こうか、悩みは尽きない。中でも、ぶどうのパフェのポテンシャルについては強調しておかねばなるまい。

近年、皮ごと食べられる種なしのぶどうが多く出回るようになったことで、ぶどうをパフェとして表現することが容易になった。果肉が柔らかくジューシーなぶどうはもともとパフェに向いたフルーツだが、皮や種の存在は、どうしてもパフェのスムーズな食べ進めを阻害する要因となる。いちいち皮を剝き、種を口から出しながら食べる、ということは見映えも悪く、できればしたくない。「皮ごと・種なし」のぶどうが増えることで、ぶどうパフェの可能性は大いに広がったと言える。以下、ぶどうパフェの特徴と魅力について見ていこう。

・種類が豊富

ぶどうは、大きく分けて赤系・緑系・黒系[*1]があり、その中でもいろいろな形、固さ、味、

*1　赤系の代表格は紫《し》苑《えん》、甲斐路《かいじ》など、緑系の代表格はシャインマスカット、瀬戸ジャイアンツ、マスカット・オブ・アレキサンドリアなど、黒系の代表格は巨峰、ピオーネ、ナガノパープルなど。

大きさのぶどうがあるため、複数の品種の果実を入れた「食べ比べパフェ」に最も適した果物である。[*2]「食べ比べパフェ」は、同じフルーツの異なる品種が少しずつ入ったパフェであり、今まで知らなかった品種と出会うこともできる、知的好奇心をくすぐられるパフェなのだ。食べ比べながら自分の好みを発見することもできるから、「自分占い」にもなる。

・球体

ぶどうの粒の多くは球体である。かわいい。ぶどうパフェの多くは、その球体を生かした飾り付けとなる。丸い粒をたくさん積み上げたパフェもあれば、粒の球体とアイスの大きな球体を並べることで球体のイメージを強調するパフェもある。また、桃のようにパフェグラスにかぶさるような大きさにならないため、そのままコロコロとグラスのどこにでも配置できるという構成上の強みもある。

・加工しやすい

フルーツパフェは、フレッシュのフルーツだけでなく、フルーツに手を加えた素材をどのように合わせていくかも腕の見せどころである（特に「パティスリー系」においては）。ぶどうはアイス、ソルベ、レーズン、ソースといった活用ができるほか、ワインを使ってより強いアクセントをつけることもできる（パフェは中層以降にジュレを入れるのが定番だが、ワインのジュレを使うことで、ぶどうのフレッシュの味わいとのコントラストをつけることができ、また香りを楽しむこともできる）。

＊2　食べ比べとしては、他にいちごや柑橘を使ったパフェが作りやすい。

以上を踏まえて、パスカル・ル・ガック東京のぶどうパフェ「パルフェ フルーリー レザン」を見てみよう。

入っているぶどうはフレッシュで十種以上、加工したものも合わせれば実に十五〜十六種ものぶどうが使用されている。「マイハート」というカットするとハート形になる品種など、シェフが山梨の生産者を訪ねて、百五十種類もの味を確かめながら選んだぶどうである。

パフェグラスの中に、ぶどうやソルベ、アイス、チーズケーキなどの素材が球や円形のイメージの重なりとして配置されている。美しい。下が膨らんだグラスだから、グラス内部にぶどう果肉をたくさん入れることができる。これは構成上重要なことで、グラスが細長いと、果肉はどうしてもグラスの上部に飾り付けるのみの構成になりやすく、食べ進めるにつれ果肉は減っていく。パスカル・ル・ガック東京のパフェは逆に、食べ進めていった先にぶどう畑の楽園が待ち構えている。

ぶどうソルベにはワイン用のぶどうとジュース用のぶどうに加え、ブラッククイーン一〇〇%のワインを使用、さらにワインビネガーを隠し味に。フレッシュのぶどうとともに、長時間オーブンで濃縮させた味わいのレーズンも入り、グラス底には「アジロンダックワインとライチのジュレ」。

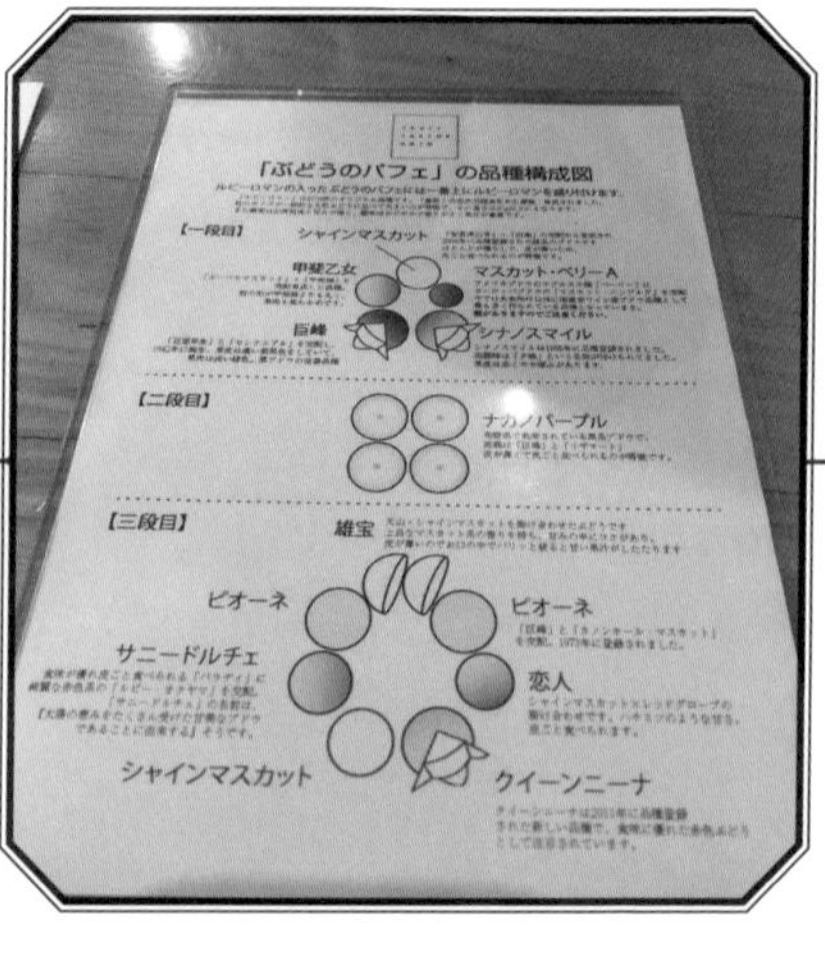

「食べ比べパフェ」の代表例、フルーツパーラーゴトー（浅草）のぶどうパフェの説明書。

ぶどうというフルーツの長所を活《い》かしつつ、さらにチーズケーキや「オレンジはちみつと落花生のアイス」といった強い素材もぶつけて、これがまたよく合う。合うというより、お互いに負けない。それぞれの素材の甘みや香りに包まれて、夢見心地になってしまうパフェなのだ。

見た目よし、フレッシュで食べてもよし、手を加えてもよし。十月半ばくらいまでは、ぶどうパフェがちまたにあふれているだろう。シャインマスカット、クイーンニーナ、ルビーロマン、巨峰、ピオーネ、ナガノパープル……。

あなたは何がお好きですか。私はナガノパープルです。

パスカル・ル・ガック東京「パルフェ フルーリー レザン」（※二〇二〇年のメニュー）
あらゆるブドウを、あらゆる手を使って。

品種の豊富さ
かわいさ
夢度

COLUMN

各地のパフェに会いに行く

パフェは日本で独自に発展した文化である。
では、パフェに地域色はあるのか。

＊北海道＊

札幌では2015年あたりからシメパフェ（詳しくはP.92参照）がブームとなっており、特にすすきのの北側、狸小路の近辺に「シメパフェ」を提供するお店が乱立している。HASSO《ハッソウ》は香り豊かな季節のパフェを楽しめるイタリア料理店。

＊北陸地方＊

北陸地方はなぜかアイスクリームの消費が盛んな地域であり、パフェを提供するお店も多い印象。加賀温泉では、2016年から毎年リニューアルを重ねる「加賀パフェ」というパフェのブランド化の取り組みがある。「地産地消5層パフェ」をルールとし、加賀市産の加賀九谷野菜や献上加賀棒茶、九谷焼の受け皿を使用するなど、地元の名産品を用いたパフェを加賀温泉周辺の複数店舗で提供している。

HASSO Dolceteria Hokkaido
「落花生のクリーミージェラート
ほろ苦く香ばしさ溢れるパルフェ」

べんがらや「加賀パフェ」

＊北関東（群馬・栃木）＊

北関東の中でも群馬の高崎・前橋、栃木の宇都宮近辺は面白いエリアである。パフェを提供するお店が多く、フルーツパーラー系もパティスリー系もある。Kanowa は洋菓子店併設のカフェで、グラスの側面に依存しない自立型の独創的なパフェを提供している。

Cafe Kanowa（前橋）「KANOWA」

＊愛 知＊

喫茶店文化と関係があるのか分からないが、名古屋（というか愛知県）の至るところにパフェがあふれている。心なしか、名古屋のパフェは他地域よりもボリュームがある印象だ。カフェ・ド・リオンは季節のフルーツたっぷりのパフェに長いパイ生地が刺さっているのが特徴的。また、愛知県西尾市では 2018 年より毎年冬から春にかけて「西尾パフェスタンプラリーイベント」を開催している。

左）カフェ・ド・リオン ブルー
「いちじく杏仁白ワインパフェ」
右）西尾パフェスタンプラリー パンフレット（2018）

＊岡 山＊

岡山は 2009 年より、「フルーツパフェの街おかやま」というキャッチコピーのもと、岡山市内でパフェを提供するお店のエリアマップを作成し、岡山産のフルーツをパフェという形で気軽に食べてもらおうという取り組みを行っている。

ANA クラウンプラザホテル岡山 カジュアルダイニング ウルバーノ「船穂町マスカット・オブ・アレキサンドリアと総社白桃のダブルパフェ」

＊九 州＊

九州は果物を大胆に使用したフルーツパーラー系のお店が多い印象だが、中でも福岡の薬院にあるプリンス オブ ザ フルーツが面白い。主に西日本の貴重で希少な果物を使用した高級フルーツパフェ専門店だ。九州は他にも、メニューが豊富で100種類以上のパフェがあるお店や、巨大パフェで有名なお店も多く、注目すべきエリアと言える。

＊京 都＊

京都は抹茶パフェの印象が強いかもしれないが、喫茶店文化が古くからあり、パフェのバリエーションが多彩な地域である。2019年からは毎年秋に「京都パフェコレクション」という、回った店舗数に応じてノベルティがもらえるイベントを開催している。SUGiTORAはジェラート専門店なのでジェラートがおいしいのはもちろんのこと、パイ生地やチュイールなどの食感素材の使い方も絶妙。

プリンス オブ ザ フルーツ（福岡）
「岡山県産“桃太郎ぶどう”パフェ」

SUGiTORA「タルトタタンのパフェ」

左）カフェ オリンピック(長崎)「トリノオリンピックタワー」
右）ノエルの樹(福岡)「かぼちゃきな粉こぶたパフェ」

左）吉祥菓寮　祇園本店「焦がしきな粉パフェ」
右）夜パフェ専門店 NORD°「秋のぶどうパフェ」

第3章

発展編

深層

見立て、情報、時間、対話——あらゆるテーマはパフェにつながる。さらに深い体験、新たな体験の可能性に満ちたパフェの真髄がここに。

№01

パフェは時計か、宝石か

目の前にパフェが供された瞬間、「宝石みたいだな」と思った。上から見た形は花びらだけれども、日の光を受けてキラキラと輝くそれは、宝石のように見えた。

渋谷のFabCafe Tokyoで、パフェ職人Srecette《エスルセット》氏*1による限定パフェ「Srecette 21st Parfait『zéphyr』」を食べたときのことである。

パフェを宝石に喩《たと》えるのは珍しいことではない。等々力《とどろき》の「パティスリィ アサコ イワヤナギ」では、特に高級な果物をふんだんに使用したパフェに「パルフェビジュー」*2という名を冠してきた。また、京都の鉱物カフェ、ウサギノネドコ*3で二〇二〇年から提供している「水晶パフェ」は錦玉羹《きんぎょくかん》を削って水晶に見立てたパフェで、SNS上でも大きな話題となった。パフェの魅力がそのビジュアルにも大きく依存する以上、美しさの象徴的存在である宝石とパフェが関係づけられるのは自然なことであろう。

ところが、である。

「zéphyr」の話に戻ろう。四季春茶ソルベ、メレンゲ、グレープフルーツジュレ、キウイ

*1 「パフェを一つの表現として、試作、撮影、仕込み、当日の組み立てまで全て一貫して行」うパフェ職人（Srecette氏のツイッターアカウントのプロフィールより）。

*2 「ビジュー」はフランス語で「宝石」。「パルフェビジュー」は商標登録されている。

*3 自然の造形物を扱うお店に併設されたカフェ。「鉱物標本、植物標本、骨格標本など、様々な自然の造形物に囲まれ

ソルベ、グレープフルーツソルベ、四季春茶プリン、マスカルポーネクリーム……。香り、食感、酸味、甘み。これはなんと精巧にできた作品だろうか。一片の無駄もなく、また一片の不足もない。それぞれのパーツがそれ自体の役割を全うしつつ他と有機的な連関をなし、一つの調和した全体ができあがっている。……ふと、時計が頭に浮かんだ。精密な、機械仕掛けの腕時計。

パフェは宝石か、それとも、時計か。[*4]

宝石の原石は、自然の産物である。それを人間の技術でカットし、磨いて、より美しく仕上げる。人の手を離れたところで奇跡的な美が生まれている不思議さ、神々《こうごう》しさ。それが宝石のもつ神聖性だ。だから、神からの贈り物のように捉えることもできるだろう。一方、時計は技術の限りを尽くした人工物であるが、その究極品は「神業」と称されることもある。

つまり、神聖性には二つのベクトルがある。神的なもの（無限）が、人間の世界（有限）に現れることによる神聖性と、人間の技術（有限）を突き詰めた結果、「神業」（無限）に到達したことによるそれである。

パフェに尊さを感じる場合も、このどちらか（またはその両方）ではなかろうか。「こんな尊いもの（神的なもの）が私の前に降臨された」と思うか、「こんな美しいものを創れる人がいるのか。神がかっている！」と思うか。

た博物館のような空間」（公式ＨＰより）。https://usaginonedoko.net/kyoto/cafe/

＊4　念のため書いておくが、私は宝石にも時計にも詳しくない。あくまでイメージの話である。

このパフェの神聖性の二つのベクトルは、「フルーツパーラー系」と「パティスリー系」の二つの思想と多少の連関がありそうだ。フルーツは天の恵みであり、フルーツ果肉の躍動するパフェは「降臨」感が強くなる。一方「パティスリー系」はパティシエの技術による素材の組み合わせを重視するため、人間の技術の結晶としてのパフェという捉え方をしやすい。*5

さて、宝石と時計の共通点は、小さいながら非常に高い価値を持つということ。豊かさの象徴であり、プレゼントにも好まれ、自らに対するごほうびでもありうること。およそこのあたりの性質は、パフェにも通ずるものがある。ただし、パフェがどんなに高くても一万円程度であるのに対し、*6宝石や時計は億を超えるものもあり、数千倍、数万倍の価格の開きがある。

その価値の違いは、時間を超える存在であるかどうかによっているのかもしれない。宝石は悠久の時を経て地球が生み出したもので、硬度が高く耐久性があり、長きにわたって輝き続ける。時計は、まさに長く時を刻むために作られたものであり、数年、数十年というスパンで使い続けられる。一方、パフェは作られた瞬間に最も輝き、すぐに食べなければ、あっという間に溶けて崩れて価値のないものになってしまう。

パフェ職人 Srecette 氏のパフェ「zéphyr」(ゼフィール)の意味は「そよ風」。パフェはそよ風のように、優しく過ぎ去ってしまうはかないものである。しかし、それを食べるた

*5 ただし、フルーツも人間の技術によって品種改良、栽培されることでおいしくなるものでもあり、「人為的である/ない」の区別は自明ではない。

*6 国産の高級フルーツ(マンゴーなど)を使用したパフェで、一万円を超えた事例がいくつかある。

った十数分の間に、私の思索は宝石へと、時計へと果てしない旅をした。すごいパフェだ。

やっぱり、神様が創ったパフェなのでは？　……「ゼフィール」って、ギリシア神話の西風の神様「ゼピュロス」に由来するらしいし。

FabCafe Tokyo「Srecette 21st Parfait『zéphyr』」
つまりは、宝石をちりばめた時計ということなのか？（違う気もする）

精巧さ	★★★
輝き	★★★
悠久度	★★★

№02

情報を食べる

「ネタバレ」という言葉がある。まだ鑑賞していない映画や舞台の筋書きや結末をバラしてしまうことを言う。ネタバレは禁止すべき行為とされ、SNS上でも、実際の会話でも、マナー違反と捉えられることがある。

ネット上で「ネタバレ」の感想をあえて読んでから鑑賞に臨む人もいるだろう。また、パンフレットを必ず買って目を通す人もいれば、必要がないと思う人もいるだろう。

あるコンテンツを享受する際に、それを補足するような情報を必要とするかしないか。どちらのほうがより楽しめるだろうか[*1]。

パフェは、通常「ネタバレ」されているものである。なぜならば、メニュー写真を見ればパフェの大体の内容が分かってしまうからである。また、おおよその内容が分からなければ注文しづらいものでもあるため、層構造が複雑なパフェほど、写真だけでなく構成図や説明書のようなものがつくケースが増えている。お店側としても、創意工夫を凝らして作ったパフェのこだわりを知ってほしい気持ちもあり、かといって提供時に細かい説明をすることができないという事情もあって、説明をイラストや図面で添えることが増えてい

＊1　本文では筋書きがもともと決まっているコンテンツの事例をあげたが、もっとひろく捉えるならば、スポーツや将棋・囲碁の中継で解説を必要とするかしないかという立場の違いについて論じることもできる。解説者は競技（ゲーム）のルールの説明をしたり、今何が起こっているのか、どのような技術が用いられているのかといった専門的な内容を、素人である視聴者にも分かりやすく伝えたりしてくれるが、それがうるさいとか、冗長に感じられる人もいるだろう。

るのだ。[*2]

こうした手引きがあると、パフェを食べ進める行為が一層楽しいものとなる。中身の説明がなければ、これは何の味だったのだろうと疑問のままに食べてしまうこともしばしばあるが、それぞれの素材を知りつつ食べることで、「確かに味わえる」という感覚があり、またパフェの物語をしっかりと読み込める。そして、先の味を想像しながら食べ進めることもできる。想像通りであれば「うーん、やっぱりおいしい」となり、予想外であれば「へー!」となる。その答え合わせの作業も楽しいものである。パフェの構成図をもとに、自分はこういう順番で、ここで混ぜて食べる、というような方針を立てる助けにもなる。

目白にあるカフェ クーポラ・メジロの「ももと紅茶のパフェ」を例にとって考えよう(次頁参照)。

表層[*3]は桃と桃のジェラート。パフェの主役をはっきりしっかりと見せつける。中層に香りの要素があるから、そこと混ざらないようにまずは桃だけを楽しもうではないか、という構えで表層の桃を味わう。そして中層。紅茶と桃の組み合わせはよくあるが、ヘーゼルナッツやカモミールを桃に合わせてくるとは、かなり積極的、攻撃的な香りづかいではないか、と思いながら、うむうむと食べ進める。深層はいちじくを使うのか、これは風味のアクセントとして面白いが、酸味が足りないのでベリーを加えているのですね。ヘーゼルナッツの食感も快い。底には桃のコンポート、しっかり主役で終えるのはセオリー通り。

*2 もちろんアレルギーに対応するという側面もある。

*3 あらためて確認しておくが、グラスからおよそはみ出ている部分を「表層」、グラス内部を「中層」、食べ終わりに差し掛かる部分を「深層」と呼んでいる。特にパティスリー系においては、表層で主役の素材を視覚的にアピールし、中層から深層にかけては歯ごたえのある食感素材や香りの要素をどのように入れていくかに趣向が凝らされることが多い。

桃から始まり、中層にも桃、最後も桃、という主軸を明確にした一方で、中層・深層ではヘーゼルナッツやアールグレイを反復させながら香りや食感を演出していく、「パティスリー系」パフェである。構成で言えば「A－B－B′」型だな、などと思いつつ、食べ終える（感想戦）。

　このように、情報をもとにパフェを食べていく行為はとても楽しいものである。[*4] しかし、ここで問わなければならないこともある。自分が食べているのは、情報なのか、パフェなのか？　情報ばかりを求めすぎると、味わうという知覚的営為がおろそかになる危険はないか？　提示されたストーリーに合わせて、自らの体験を構築していないか？　たとえばパフェの構成図が明らかに間違っていたときに、私は気づくことができるだろうか。それとも鵜呑《うの》みにして、なるほどなるほどと食べてしまうだろうか。

　我々は、情報とパフェのどちらかではなく、その「両方」を食べている。あるいは、情報も含めて「パフェ」なのだが、情報ばかりを食べすぎることには注意を払わなければならない。

パフェの構成図。見ながら食べても、あとで答え合わせをしてもいい。

＊4　映画のパンフレットを見ながら上映開始を待つような気持ちの高ぶり、そしてストーリーに没入する快感を味わうことができるだろう。

カフェクーポラ・メジロ「ももと紅茶のパフェ」
生でよし、煮てよし。

香り	★★★
安心感	★★★
予測度	★★★

№03 驚きを食べる

インスタグラムでパフェの画像を漁りつつ、今度はどこのお店に行こうかなどと考える。「#パフェ」というタグだけでも一日に数千件の投稿はありそうな勢いで、インターネット空間にはパフェ情報があふれにあふれている。うれしいことではある。

しかしそれは、あらかじめパフェがどういうものかを自然に「予習」してしまうということである。いつしか、あらかじめ内容が分かったパフェを食べるようになっている。

パフェのお店に対して、「メニュー写真と実物が違う」というクレームがそれなりに多いと聞いている。できるだけ美しく「映《ば》える」パフェの写真を撮りたいという欲望とともに、この不満の根底には予定調和を求める心がある。思った通りのものが出てきたという、安心感がほしいのである。

ついつい「予習」をしすぎるのも、がっかりしたくないからである。せっかく食べに行くなら、失敗したくない。かけた労力が無駄に終わることを恐れる。つまり、マイナスを減らすことを念頭に置いている。

さて、パフェの写真をメニューに載せない店がある。代わりにイラストや構成図を載せる場合もあるし、高級レストランのように文字だけで説明する場合もある。どんな見た目のパフェなのか分からずに注文し、目の前に降臨した瞬間、歓声が起こる。知らなかったことによる、驚きと感動がある。

「予習」してしまうと、驚きはなくなってしまう。意図せず、自然に画像が目に入るということもあるかもしれない。お店側が、こうした「ネタバレ」をやんわりと禁止することもある。「限定のパフェを提供している期間は、SNS上への投稿は控えてください」。

写真では中身が分からないような演出が施されたパフェもある。数年前より、薄く平らなメレンゲで蓋をしたり、クレープ生地でグラスを包むようにしたりして、中の様子が見えなくなっているパフェが増えてきた。あるいは、色付きのグラスを用いたり、グラスの内側からクリームを塗ることで、中身が透けて見えないパフェもある。写真だけでは分からない、食べてみないと分からない。わくわくするではないか。

隠すよりさらに積極的に、だますということもある。

上野毛《かみのげ》のラトリエ　ア　マ　ファソン[*1]にて、二〇二〇年春に提供されたのが、「トロンプルイユ仕立てのパフェ[*2]」。「トロンプルイユ」はフランス語で「だまし絵」の意味だ。次頁の写真を見ても分かるように、赤と白のいちごが美しく盛り付けられたパフェである。よく見てほしい。あれ、変ないちごがある。精巧に作られた偽物のいちごが混じっているの

＊1　かつて「パフェの聖地」と呼ばれた店で独創的なパフェを生み出してきた森郁磨シェフが二〇一九年末にオープンしたパフェの専門店である。

＊2　正式名はもっと長いが、メニュー名を積極的に明かしているお店ではないので、あえて正式名は記さない。

だ！

鏡の上に置かれた、およそパフェの器とは思えない立体。そのイメージが鏡に映って増幅するとき、このパフェは虚実のあわいを描いた芸術として立ち現れてくる。一体何が本当で、何が嘘なのか。光が反射して永遠に増幅を続けるのと同じように、情報の乱反射の中で、我々は何を「本当」と見なすべきか、どのように「本当」にたどりつくべきか。

「知らないこと」と「知ること」のどちらも選べるという場合、「知ること」を選びたいと、そのほうがいいと、現代人は思いがちである。そして、多くのことはとりあえず知ることができる。だからこそ、「知らない」という寄る辺《べ》のなさに人は不安になってしまう。難儀な時代である。

未知の対象に驚くことを怖いと思うか、楽しいと思うか。

私は、心底驚かされたパフェほど鮮明に覚えている。その幸福な記憶の一つ一つが、自分という存在を支える柱となっている気もするのだ。

実のところ、残念ながら私はこのパフェを「知っている」状態で食べに行った。それでもなお強く心を打たれるのだから、知らないで食べに行ったら、その感動は何倍にもなっただろう。

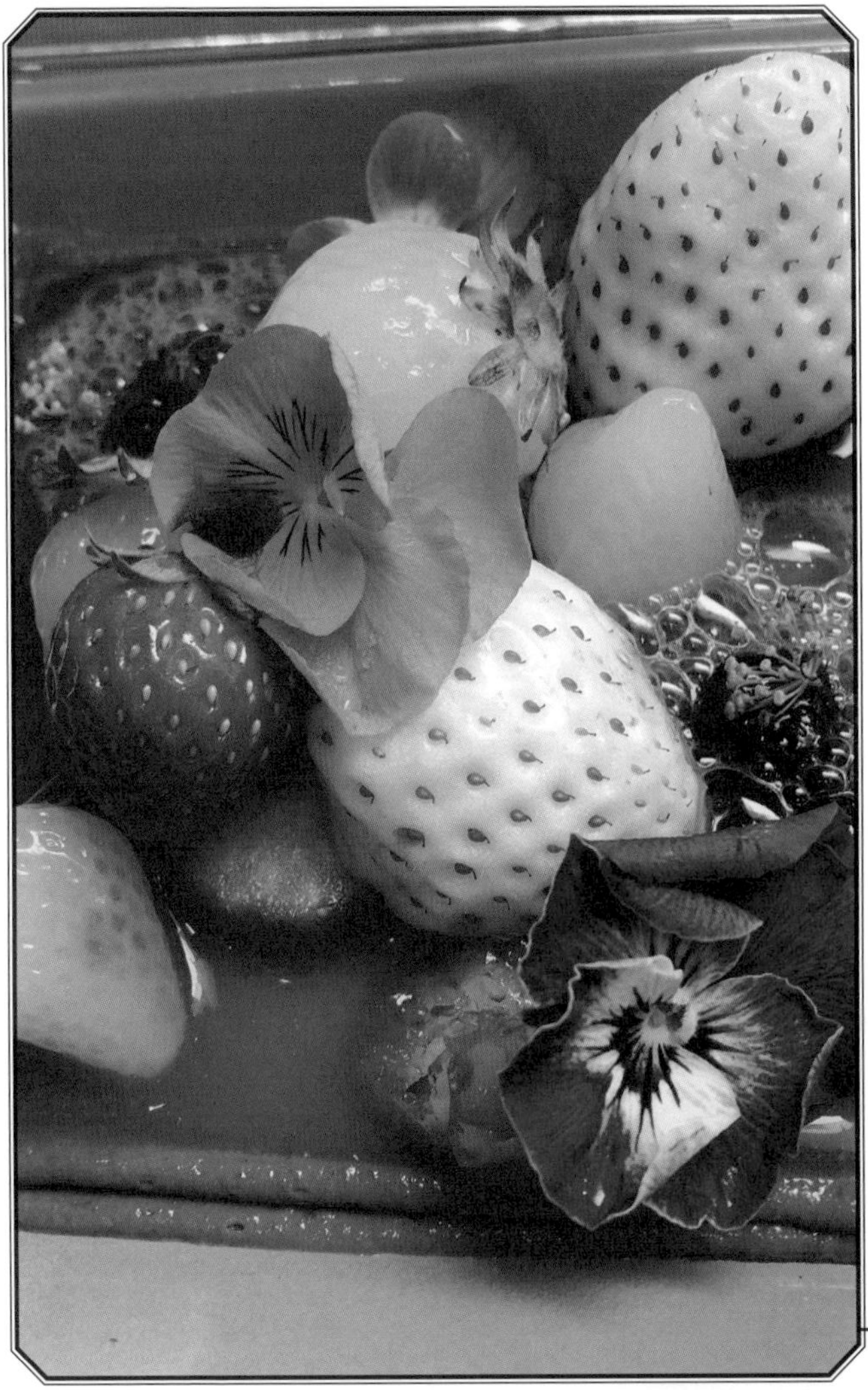

ラトリエアマファソン「トロンプルイユ仕立てのパフェ」
つかれて楽しい嘘もある。

芸術性	★★★
器の独創性	★★★
驚愕度	★★★

№04

一日を、パフェでシメる

そもそもお酒をほとんど飲まないので、シメにラーメンを食べたいと思う心理が分からない。だから、札幌に「シメパフェ」[*1]という言葉が登場したときに、「ラーメンじゃなくてパフェ?」という違和感よりも、「もちろんそりゃパフェのほうがいいでしょ」と思う自分がいた。

ここ数年は首都圏、名古屋、京都、大阪、金沢、福岡といった大都市圏にもシメパフェ文化は広まり、専門店も続々と現れた。おしゃれなカフェやバーで提供されることも全く珍しくなくなっている。

「シメ」とは言うものの、「シメパフェ」とは要するに夜に食べるパフェのことで、別にお酒を飲んだあとに食べる必要はない。お酒を飲みたい人は飲めばいいし、甘いものが好きな人はパフェを食べればいい。もちろん両方楽しんでもいい。お酒が飲めない人が手持ち無沙汰になることなく夜のひとときを楽しめる方法としてもシメパフェは優れている。

いまだにパフェを食べるのは女性が多めのようだが、女性からするとシメのラーメンよりもパフェのほうが気分の上がる食べ物なのだろう(カロリーの気になるラーメンを引き合

*1 すでに札幌に広まりつつあった、夜にアイスやパフェを食べる文化。二〇一五年に「札幌パフェ推進委員会」が「シメパフェ」という呼称を掲げて普及に乗り出したところ、ほどなくしてテレビ等マスメディアでも取り上げられて、あっという間に全国にその名が知られることとなった。

いに出しておいて、パフェへの罪悪感を軽減するという心理的戦略をとることもできる)。
シメパフェは甘すぎず重すぎず、すっきりとした味わいに仕上げてあることが多い。ワイングラスやカクテルグラスで提供されることも多く(実際にお酒を使ったパフェも多い)、テーブルの上にお酒とパフェが一緒に並ぶ光景は自然なものになりつつある。夜景の見えるお店だったら、パフェとの組み合わせは「映え」的な意味でも魅力的である。

そんなわけで、食べ手としては「シメパフェ」は楽しいし、お店としても客を呼べる看板メニューになるポテンシャルを秘めているため、どんどん増えているのだ。

表参道の「エンメ ワインバー」は、その名の通りワインバーだが、季節ごとの食材を使ったデセールも楽しめるお店で、はっとする構成のパフェで知られる。パフェに合うワインを選んでもらうのも楽しそうだ(下戸の私はパフェに入るお酒の風味を楽しむことだけで満足だ)。

「柿と和栗のモンブランなパフェⅡ」は、二〇一九年のオープン時の第一作をアレンジしたもの。落花生のアイス、和栗のクリーム、柿の種、ディルと柿のマリネ、緑茶とジンのジュレ、メレンゲ。お酒やハーブを使った、風味豊かでありながらもすっきりとしたパフェである。

柿と言えばお菓子の「柿の種」、という着想から「柿の種」を砕いたものが入れてある(お酒のつまみという連想もされるだろう)が、今年は落花生のアイスまで入っている。「柿の種」と言えばピーナッツ（柿ピー）、という連想である。和歌の世界で、互いに関連する意味の語を織り込むことを「縁語」というが、それに近いものを感じさせる。もちろん大事なのは、ただ入れるという形式的な側面だけではなく、全体の調和に寄与するという内容的な側面である。

　このパフェで言えば、「柿の種」の辛みが味のアクセントとなり、「落花生」のアイスの香りがパフェを立体的な味わいへと誘《いざな》うことで、よりよく味わうための必然的構成要素として「柿の種」が立ち現れる。つまり、一見シャレや驚きを目的にして入れられたように思える「柿の種」は、このパフェをおいしくするために不可欠なパーツになっているのだ。作品としての完成度の高さがここに表れている。

　なんてすばらしいパフェだろう。このまま帰るのは名残惜しいから、シメにパフェでも頼もうか。

おまけ回文：夜飯《よるめし》でシェフ、パフェして〆るよ。

パフェのシメにパフェ。エンメ ワインバー「黒イチジクのローストパフェ」

エンメ ワインバー「柿と和栗のモンブランなパフェ!!」
柿ピーも、パフェになるとは思うまい。

遊び心	★★★
合理性	★★★
夜はこれから度	★★★

№05
スプーンの労働問題

まぎれもない「悪」があって、その避けられない「悪」に、自らも加担していたという怒りが生じる。それは、部分的には自分自身への怒りであるし、その事態が引き起こされてしまったことへの怒りである。前もって予測することのできなかった「悪」に、結果的に自らが手を染めることになった悔しさ。だからといって、それを回避する方策は、現実的にはあまり残されていない。

スプーンが、グラスの底まで届かない。

パフェグラスの底のくぼみに、スプーンの先端がフィットせず、どの角度でコシコシとあてがっても、底のクリームが、ジュレが、すくいきれない。どうやってもダメだ。私は最大限の努力をした。それでもダメなんだ。許しておくれ。私は悪くないんだ。

悪いのは……、悪いのは、誰だ？　フィットしないグラスとスプーンを用意した、お店が悪いのか？

スプーンを逆さに持って、柄の部分をグラスの底へ突っ込めば、すくえなくもないかもしれない。しかし、そうまでして食べ終えるというのは、もはや望ましいパフェ体験ではない。

パフェ人生の中で、こうした「底が×」である経験を、人は何度もすることになる。そしてある時期まで私は、それに対して怒りの感情が湧き出てくることを抑えられなかった。

しかし、そもそも「パフェスプーン」という名のスプーンは存在しない。「ソーダスプーン」と呼ばれる、クリームソーダ用のスプーンをパフェに転用しているのだ。したがって、そのスプーンにとって、グラスの底まですくう仕事はあくまで「副業」である。グラスとスプーンがセットで売られることも稀であるから、「底が×」である事態はむしろ発生して当然なのだ。

いや、もっと言えば、我々は一本のスプーンに多くを求めすぎではないか。パフェにおいて、スプーンに求められている仕事は、すくう・掘る・混ぜる・割くなど、多岐にわたる。一本にすべてを、つまりグラスの上から底までを任せるのは、過重労働ではないか。分業体制や、ワークシェアリングについて、もっと真剣に考えるべきなのではないか。[*1]

このことを考えるとき、いつも思い出すお店がある。横浜市青葉区にある洋菓子店、オペラ通り。夏期限定で提供している「マンゴーとヨーグルトの常夏パフェ」には、細く縦長のグラスに、スプーンが二本ついてくる。細長いスプーンに、もっと細いスプーン。

トロピカルミックスのマンゴーソルベ、ダイスマンゴーとキャラメルソテーしたバナナ、

*1　もしスプーンと一緒にフォークもついてきたら、パフェの表層はフォークで食べ進めるのがよい。フルーツの果肉を刺せるし、固めのアイスも実はフォークのほうが食べやすいのだ。

ミルクチョコのフォンダンショコラ、オレンジを混ぜ込んだフローズンヨーグルト、フィアンティーヌとパールショコラ、トロピカルジュレ。チョコが上下の素材をうまくつなぎつつ、後半は爽やかな展開となる。

この縦構造に対して、スプーンの分業体制が頼もしい。食べ終わりに近づいたら、細いスプーンに持ち替えて、底を最後まですくいとって、気持ちよく完結できる。

何事も、一つにすべてを押し付けてはいけない。そうか、と学ぶものがある。そのとき、私の怒りは消えたのである。こちらが何もせずに、お店とスプーンにただ責任を求めつづけるのはいかがなものか。よいスプーンがないなら、自分で用意すればよいではないか。

以来、浅草・合羽橋《かっぱばし》のカトラリーの店に時々行っては、面白い形のスプーンを少しずつ買い集めている。「ソーダスプーン」にも様々な種類があり、「ケーキスプーン」やヘラ形のスプーンのように、パフェで使えそうなスプーンは他にもあって、可能性の広がりを感じている。

そう遠くない未来。ペンケース大のゴルフバッグ状の容れ物を持ち歩き、グラスの形状に合った「マイスプーン」を颯爽《さっそう》と取り出して食べる自分がいるかもしれない。

こうやってスプーンが二本出てくるだけで、もうわくわくが止まらない。

オペラ通り「マンゴーとヨーグルトの常夏パフェ」
最後の必殺技のように、持ち替える。

心遣い	★★★
物語性	★★★
分業度	★★☆

№06 パフェとデートする

ちまたで、一人ぼっちで行動する意味の「ぼっち」という言葉が流行ったとき、[*1]「ぼっちパフェ」なる語もちらほら見かけるようになった。

そうじゃないだろう。

ぼっちじゃない。パフェとデートしているんだ。

パフェとともにすてきな時間を過ごす。向かい合って、甘い時間を楽しむ。これがデートでなくて何なのだ。しばらくすると、デートの相手は消えてなくなるけれど。

パフェを食べることに集中していれば、一人であるかどうかが問題になるはずがない。私はパフェを食べているときに、自分が一人であるということを意識していない。それどころか、自分が男性であるとか何歳であるとか、あらゆる属性から離れている。

そもそも、一人とは何か？　なぜ、コミュニケーションを人間に限定する必要があるのか？　いまここに、私の他に人間がいるからコミュニケーションが生まれるのではない。コミュニケーション可能な「他者」がいることが重要なのだ。

＊1　「ぼっち」には自虐や侮蔑などのネガティブな意味がつきまとう。そういった社会の風潮の中で、一人での行動をポジティブにとらえた『ソロ活女子のススメ』を著した朝井麻由美氏の仕事は意義深い。

パフェを食べているとき、パフェとの対話が発生する。これはどういう素材なのか、この構成にはどんな意味があるのか？　それはパフェの作り手との対話でもあり、食材の生産者との対話でもあり、世界との対話である。

一人でいるかどうかが気になって、集団でいること自体に安心したとして、そこにコミュニケーションは、対話はあるか。一人が「独り」なのではない。どんなにまわりに人間がいても、人はいくらでも「独り」たりうる。

「他者」（パフェ）との関係が、まれに忘我の境地へ連れていってくれることがある。二〇一七年の夏、代々木上原のパティスリー ビヤンネートルで八月のパフェ「ペッシェピスターシュ」を食べていたときのことである。

フレッシュな桃、桃のジェラート、ライムのジュレ、白桃のパンナコッタ、桃のコンポート、ミント、ピスタチオジェラートなどが入り、桃の香りの白ワインが添えられている。旬の桃に爽やかさと香ばしさが寄り添った夏らしいパフェだった。当時私は「水彩画で色を混ぜ混ぜしてたら、すごい綺麗《きれい》な色ができた！　みたいな気持ち」と評した。

さて、このパフェを食べている最中に、私の意識はどこか深いところに沈んでいくこととなった。パフェを食べる行為は進行しているのに、意識としては夢を見ているような不思議な状態。それは今思えば、対話を超えて、自己と他者（パフェ）の境界が融解していくような体験だったとも言える。たまたま店員さんから声をかけられて、「呼び戻された」格好になったが、どんな「夢」を見ていたのか、その瞬間にきれいさっぱり思い出せなくなっていた。あのまま忘我の世界にいたら、どうなっていたのだろうか。

最近は予約制のパフェが増えていて、飲食店の予約システムを導入するお店が多くなった。スケジュールをあらかじめ決める必要はあるが、せっかく行ってパフェが売り切れという事態を回避できるため、とても助かる。パティスリー ビヤンネートルも例に漏れず、予約サイトでの受付が始まった。

予約時の入力項目には、個人情報に加えて「用途」がある。「知人友人と食事」「接待」「家族との食事」……あれ、「一人」はないのかな。

ああ、あったあった。「デート」を選ぶ。

「一人」じゃなかった。パフェとデートする。

デートはいつも一度きり。

パティスリービヤンネートル「ペッシェピスターシュ」
私たちこれから、いいところ。

意識混濁度 ★★★
渾然度 ★★★
合一度 ★★★

№07

パフェが一番エラい。

渋谷の FabCafe Tokyo で期間限定にて提供される、パフェ職人 Srecette 氏によるパフェ。晩秋から冬にかけての「Srecette 23rd Parfait『Anonyme』」の提供初日、午前中の店内の雰囲気はおごそかであった。あたかも将棋盤を挟んで向かい合う棋士のごとく、言葉には発せられない〝気〟のようなものが充満していた。

店の奥でパフェを組み上げる職人と、それを心待ちにし、目の前に供されたパフェと向き合う客。静かである。静かであるのに、饒舌《じょうぜつ》な空間である。皆が、パフェと無言の対話をしているのがありありと分かる。[*1] ゆっくりと、じっくりと味わっていく。空間全体に、急《せ》いたところがない。ただ職人のきびきびとした所作のみが、その場の空気を凛《りん》としたものへと律している。それが快い。クラシックコンサートを聴くときのように、身体の動きが制限されていても、精神はどこへでもいく自由がある。

ああ、これが「パフェが一番エラい」の精神だと思った。すべての人がパフェに敬意を払い、できうる限りの誠実さでパフェと対峙しようとしている。いや、そんな高潔なつもりはないのかもしれない。ただ、パフェからのメッセージをわずかばかりでも聞き漏らす

＊1　それが証拠に、ツイッターやインスタグラムで読むことができるSrecette 氏のパフェについての感想は、どれも一篇の詩のようでさえある。それぞれが己の感性でパフェを受け止めようとした記録だ。

まいとする傾聴の姿勢であろう。

パフェが一番エラい。

他のスイーツと比べて、言っているのではない（言ってもいいけど）。

この言葉の意味はひとまず、パフェの作り手、食べ手、パフェの三者関係の中で、パフェが一番エラい、ということである。

食べるという行為は、「食べる者」と「食べられるもの」の二者という構図を導きやすい。その場合、食べる側に主体性があり、食べられる側はなされるがままである。当然のように、食べる側に自由があり、力があるように思えてくる。

買うという行為はどうか。パフェを買うという行為は、買い手と売り手（作り手）の二者という構図において、買い手の自由意志においてなされる。買うかどうかは客次第である。

こうしたことから、消費する側には知らず知らずに驕《おご》りが生まれる危険がある。徐々に、自分の思い通りにいかないことに対する許容度が下がる。その結果、食文化の多様性が失われる。そういうことが、現実に起こってきている。

「失敗しない〇〇選び」という言葉をよく見るが、多くの場合、失敗しない選び方とはつまり、いま多くの人に支持されているものを選ぶということである。しかし、すべての人がすべての対象に対してそういう選択をしてしまったら、文化は平板で画一化された退屈なものとなる。

全国的に大ヒットする映画がある一方で、単館上映の映画が細々と、ごく一部の人の心を深く撃ち抜いている。その双方に、私は文化の価値を見出したい。だから、たとえばいちごパフェの大海の中で柑橘のパフェという小舟を漕《こ》ぎ出す店を、私は応援せずにはいられないのである。

話を戻そう。「パフェが一番エライ」と掲げることで、パフェに合わせて自らを律するという姿勢が身につく。どうやったらパフェに失礼がないか、つまり最良のパフェ体験となるかということを考えると、自らの行動に自然と制限がかかるのだ。

たとえば、パフェのアイスが溶けてしまう前に食べようと思えば、写真撮影もそこそこに食べ始めようということになるし、より味わって食べようと思えば、友人との会話に花を咲かせるよりもパフェに集中しようということになる。もちろん何が最良のパフェ体験であるかは、人それぞれに異なる。

ケーキスプーン（右利き用）

＊2 もちろんいつでもおごそかな気持ちでパフェを食べるのがベストだということでもない。みんなでわいわいと食べるのがおいしいパフェもあろう。あくまで置かれた

勘違いしてほしくないのだが、目の前のパフェに対して常に無条件に降伏せよ、と言っているわけではない。*2 自分にとってのパフェとは何なのか、理想のパフェとは何なのかを追求する姿勢を常に持ちたい、ということである。つまりそれは、自らの美学の追求である。

たとえば、前述の「Anonyme」では、これまでとは異なるスプーンが用意されていたことで、「どう食べるか」ということをおのおのが強く意識することになった。軽く小さい、アシンメトリーの「ケーキスプーン」は、アイスもすくいやすく、口の中でも金属臭がしない。食べ始めてみると、スプーンが媒体としての存在感を弱め、パフェと我々の距離がぐっと縮まることになったのだ。こんな形でパフェがおいしくなることがあるのだ、という新たな体験が、

FabCafe Tokyo「Srecette 23rd Parfait『Anonyme』」
どう食べるかもひっくるめて、パフェ。

環境下で、どのような食べ方がベストかを追求したいということである。

我々の理想のパフェ像を日々進化させていく。

パフェは、グラスの中に入った物質を指すのではない。ある場所で、ある主体が、ある時間的に連続した体験をすることの全体を言うのである。だから、「パフェが一番エライ」という場合、実はそこにはお店も作り手も、パフェ体験の主体である自らも含まれている。

パフェを取り巻くすべてを尊重すること。自分の感じ方、あり方を尊重し、同時に作り手を尊重すること。その向こう側にすばらしいパフェ体験が待っていて、今後も新たなパフェ文化が花開き、成熟していくことを信じている。

パフェが一番エラい。

巻末資料集

*

年間365本以上のパフェを食べ続ける著者が収集した、秘蔵のパフェ資料を一挙公開。多様性にみちあふれたパフェ界の、ほんの一端をご紹介。

※資料は著者が収集・撮影した時点での情報です。現在は閉店・移転している場合があります。
また、期間限定のメニューもあります。あくまでパフェ文化の資料としてお楽しみください。

＼ どうやって食べる？ ／

まるごと系

LITRE（名古屋）
シャインマスカット

キャンベル・アーリー（福岡）
りんご

堀内果実園（押上）デコポン

橋本フルーツ（群馬・桐生）

＼ かわいいは日本の文化 ／

キャラクター系

てんとう虫。～パフェカフェ～（さいたま）牛

henteco 森の洋菓子店（都立大学）動物クッキーをトッピングできる

ロイトシロ（歌舞伎町）
うぐいす

ぱんだ珈琲店（阿佐ケ谷）
パンダ

個性派

見た目にもインパクトのある最近のトレンドをご紹介。

＼ グラスの上に板状の素材をのせて立体感を出す ／

帽子型

KOBE RIS CAFE（神戸・三宮）

dessert cafe HACHIDORI（逗子）まりもみたい

トライアングルカフェ（二子玉川）

パスカル・ル・ガック東京（溜池山王）

アトリエコータ（神楽坂）メロンの帽子

256nicommauve（京成中山）パインの帽子

dessert cafe HACHIDORI（逗子）鳥の巣と卵

帽子の進化型

ショコラティエ　パレ ド オール（丸の内）チョコの器がのっている

カフェ&ブックス ビブリオテーク（自由が丘）グラスを二つ重ねるタイプ

＼秘密の楽しみ／

包む・隠す

RU cafe（兵庫・三木）クレープ生地で包む

ラトリエ ア マ ファソン（上野毛）ゼリーで包み隠す

dessert cafe HACHIDORI（逗子）キャラメルソースでグラス内を覆い隠す

＼グラスに挿す、塗る、貼り付ける／

グラス側面

みやがわエンゼルパーラー(三崎口）ぶどうをグラスに挿す

dessert cafe HACHIDORI（逗子）側面に蜘蛛の巣

dessert cafe HACHIDORI（逗子）スノーマンの手袋

dessert cafe HACHIDORI（逗子）竹林

＼受け皿も含めてパフェ／

こぼれる・あしらう

フルーツ大野（宮崎）南国
フルーツがごろごろ

創作料理 Ryota（名古屋）

橋本フルーツ（群馬・桐生）

ベルガモット（武蔵小山）
行儀のよい苺

ミルピグパフェ部（横浜・
馬車道）

dessert cafe HACHIDORI
（逗子）

＼ パフェが美しく舞うステージがそこに ／

舞　台

パティスリー&カフェ デリーモ
東京ミッドタウン日比谷店（日比谷）

ザ ストリングス表参道 ゼルコヴァ
（表参道）

ラトリエ ア マ ファソン（上野毛）下の柑橘たちは撮影用

＼ スプーンで食べ方が変わる。その形状に着目せよ ／

カトラリー

グラスとカトラリー

形式に本質が宿る。

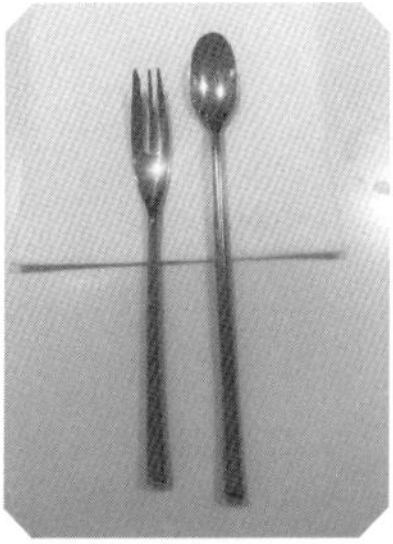

タカノフルーツパーラー（新宿）とてもすくいやすいスプーン

資生堂パーラー銀座本店サロン・ド・カフェ

和光アネックス ティーサロン（銀座）

パティスリィ アサコ イワヤナギ（等々力）

Berry coco（吉祥寺）メロンスプーン（先割れ）

yohak（西馬込）アイスクリームスプーン

カフェ コヴァ ミラノ（渋谷）アイスクリームスプーン

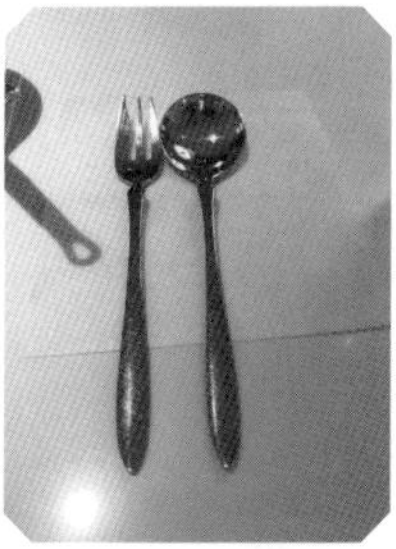

タカノフルーツパーラー（新宿）HOT パフェにつく丸いスプーン

カトラリー

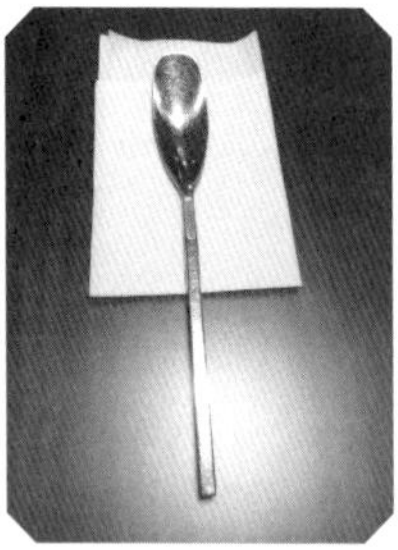

ショコラティエ　パレ ド オール（丸の内）ヘラのような形

Lady Blue（大手町）ケーキスプーン

FabCafe Tokyo パフェ職人 Srecette 氏のパフェ（渋谷）ケーキスプーン

ロイトシロ（歌舞伎町）お店のモチーフ、ペンギンのスプーン

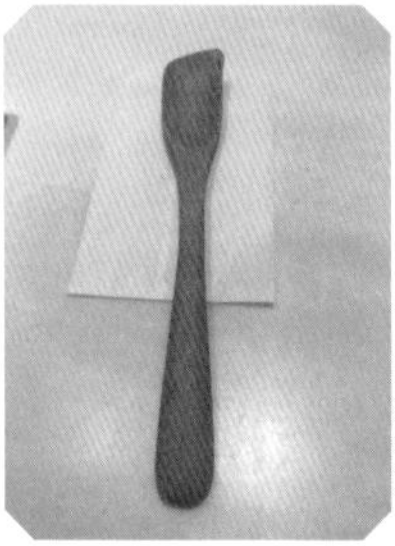

パスカル・ル・ガック東京（溜池山王）木のスプーン

まちのちいさなパフェ屋さん（愛知・江南）木のスプーンと箸

ラトリエ ア マ ファソン（上野毛）丸型＋底まですくえるスプーン

フルーツすぎ（大塚）果物を刺すピックフォーク

パフェテリア ベル（渋谷）ナイフつき

＼背の高さ、口の開き方。グラスはパフェのアイデンティティ／

グラス

エンメ ワインバー（表参道）

フルーフ・デゥ・セゾン（秋葉原）

カフェひとあし（神奈川・愛川町）

ドルチェ カサリンゴ（相武台前）

Social Kitchen Toranomon（虎ノ門）2020 年 12 月のパフェイベント

nel CRAFT CHOCOLATE TOKYO（浜町）

グラス

エンメ ワインバー（表参道）
口の開いたグラス

果実園リーベル（新宿）「今月のパフェ」は平皿で提供

カーピーパーラー（都立大学）

マノカフェ（駒澤大学）円柱

ロイトシロ（歌舞伎町）球形

dessert cafe HACHIDORI
（逗子）球形

ラトリエ ア マ ファソン（上野毛）四角

Cafe Kanowa（前橋）
自立するパフェ

dessert cafe HACHIDORI（逗子）フタつき

FabCafe Tokyo（渋谷）パフェ職人 Srecette 氏 24 作目「Paralysie」、保冷性に優れた WASARA という紙の器

トップフルーツ八百文（名古屋）
食べられる器（メロン）

堀内果実園（押上）食べられる器（パイナップル）

カフェ・ド・ティー・エリー（金沢）

ランズカフェ（大分）

説明書

写真で、絵で、文字で。パンフレットのように楽しむ。

ロイトシロ（歌舞伎町）

パティスリー＆カフェ デリーモ
東京ミッドタウン日比谷店

ウッドベリーズ マルシェ
（吉祥寺）

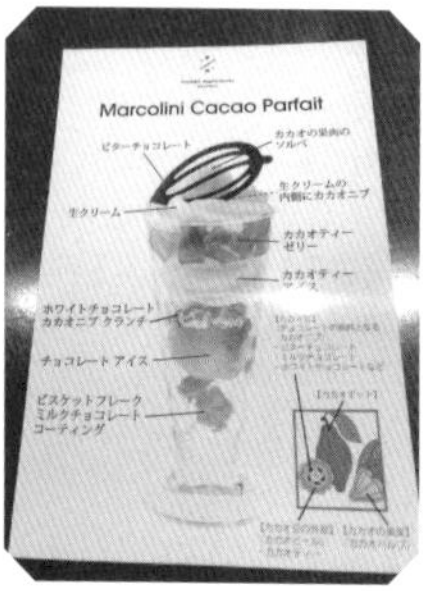

ピエール マルコリーニ（銀座）

和光アネックス ティーサロン
（銀座）

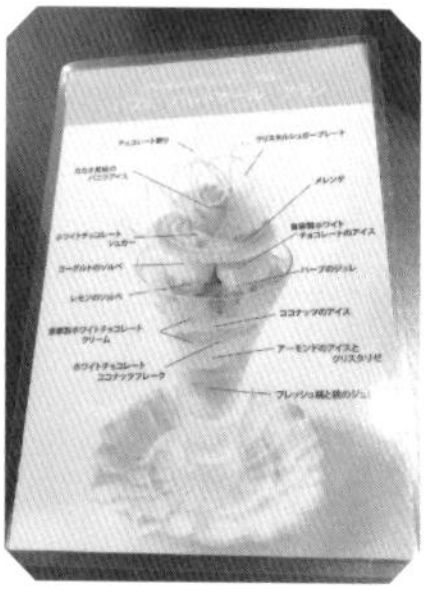

ショコラティエ　パレ ド オール
（丸の内）

カフェ クーポラ・メジロ（目白）

パティスリィ アサコ イワヤナギ（等々力）

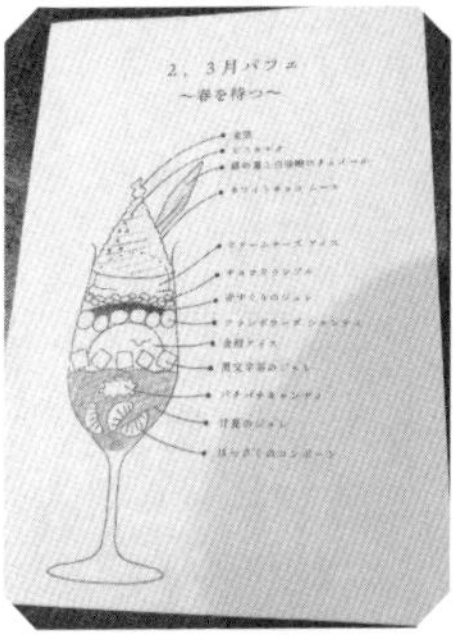

銀座凮月堂（銀座）

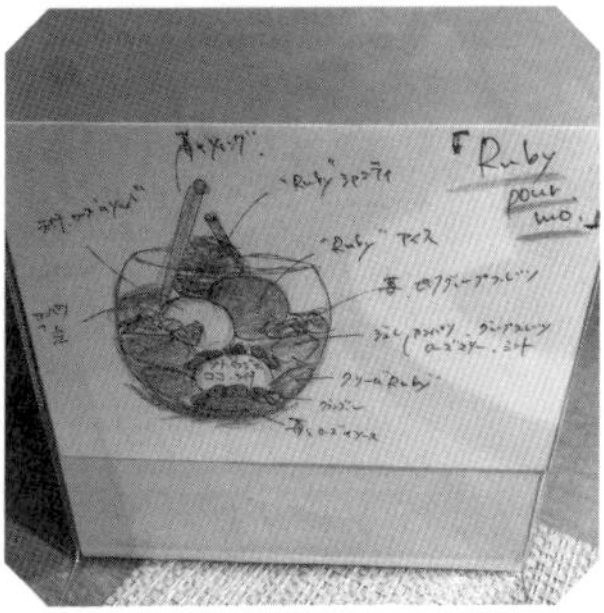

UN GRAIN（表参道）

⇒

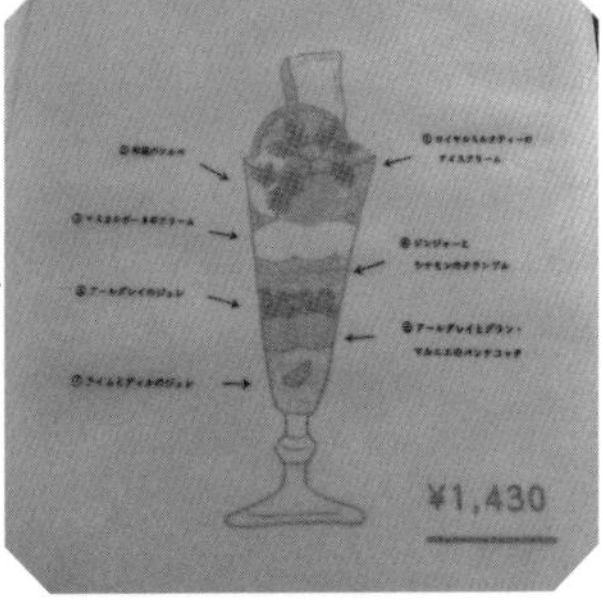

ノイロ . 2nd dining（神奈川・橋本） トレーシングペーパーがかぶさると…

グリーン ビーン トゥ バー
チョコレート（中目黒）

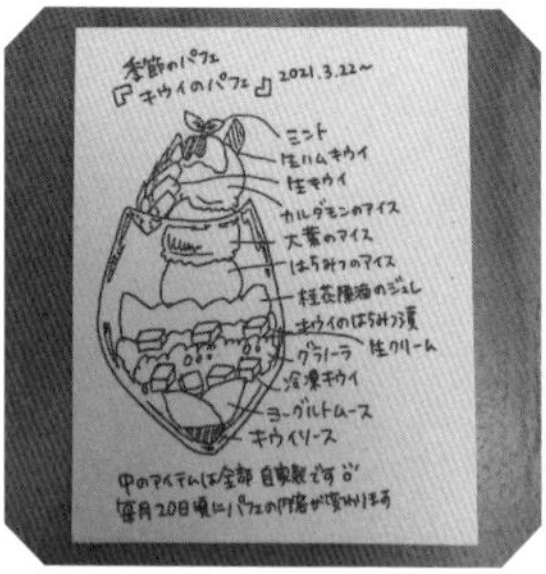

Typica（西荻窪）

ドーナツもり（神楽坂）西葛西
でのパフェイベント時のメニュー
（2019年8月）

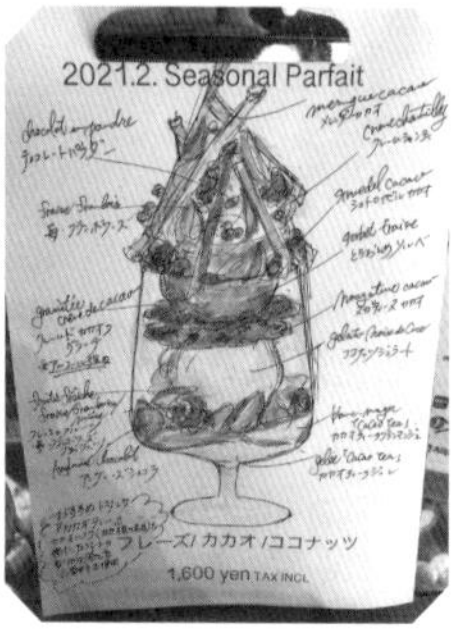

パティスリー ビヤンネートル
（代々木上原）

幸せのレシピ ～スイート～
（札幌）「レモンと魔法のランプ」の食べ方

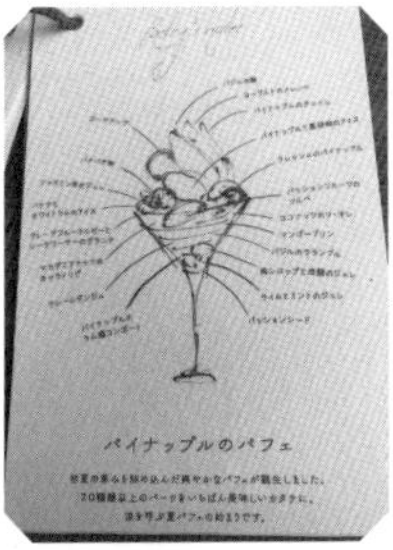

カフェひとあし
（神奈川・愛川町）

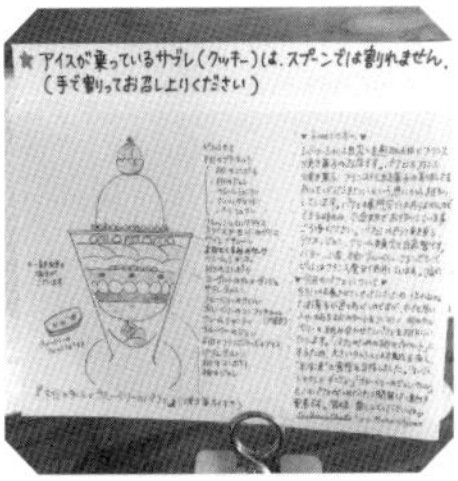

レ・ドゥー・シャ
（八王子みなみ野）

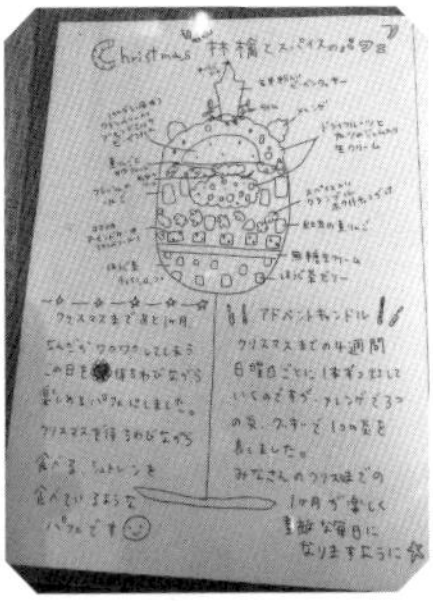

パフェバー agari（松陰神社前）

クルミドコーヒー（西国分寺）
毎年春限定のくるみパフェ

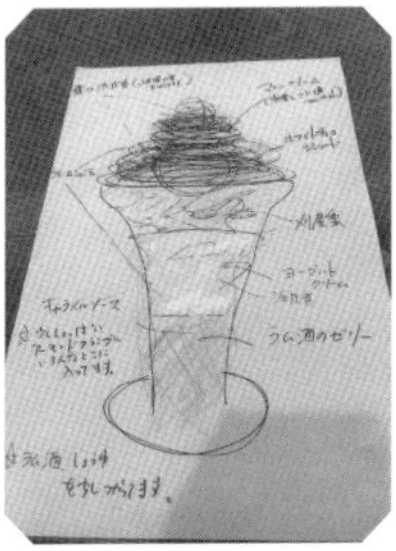

元ノイエ・菅原シェフのパフェ出張営業時のメニュー
（2019 年 10 月）

フルーツパーラーゴトー（浅草）
日ごとに印刷されるメニュー

橋本フルーツ（群馬・桐生）
「フルーツ MIX パフェ」の内容説明

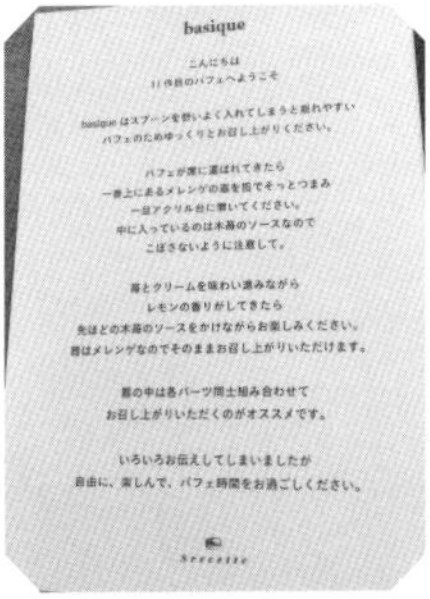

FabCafe Tokyo（渋谷）パフェ職人 Srecette 氏11作目「basique」食べ方の説明書

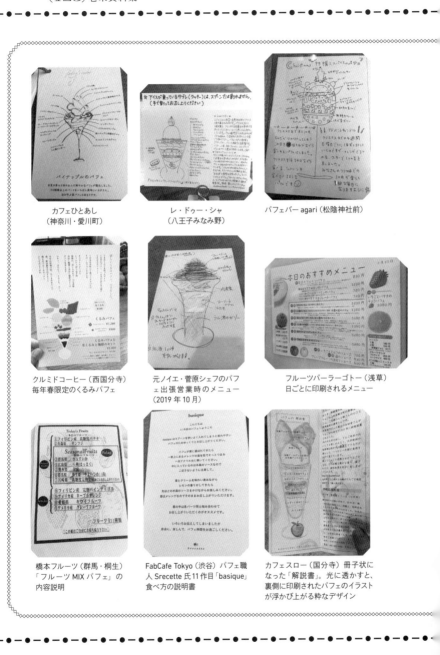

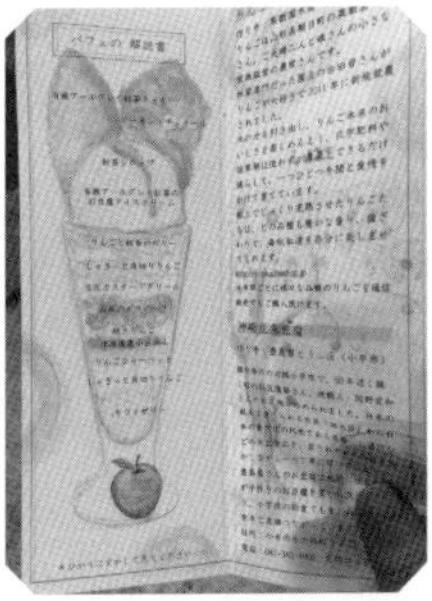

カフェスロー（国分寺）冊子状になった「解説書」。光に透かすと、裏側に印刷されたパフェのイラストが浮かび上がる粋なデザイン

おわりに

「パフェ評論家」という肩書を冗談で名乗り始めて、もう十年近くが経とうとしている。その間に、おそらくこれまでのパフェの歴史上最も大きなブームが起き、そのうねりはいまだに続いているように見える。SNSの発達、食体験の価値の向上、果物の新しいブランドや品種の登場、イートインを併設するパティスリーの増加といった要因もあって、エンタメ性の高いパフェに脚光が当たっているのだろう。個人的には「やっとパフェの出番がやってきた」という感慨があるが、それは一過性のブームという段階は既に超えて、一人前の文化へと成熟していく予感さえある。

一方で、昨年春以来世界を一変させたコロナ禍により、飲食店についても甚大な影響が出てしまっている。残念なことに、私が以前パフェを食べたことのあるいくつかのカフェも閉店となった。店内飲食が制限される中、食べ歩き用パフェも提供するようになったフルーツパーラーや、酒の代わりにパフェを提供し始めたバーもあり、パフェ史の長いスパンで考えても、コロナ禍は一つのターニングポイントとなるだろう。

さて、本書ではパフェの魅力の基礎的なポイントから発展、応用までをつづってきた。「パフェとは何か」を探究することは、エンタメや文化を考える行為であり、自分について問い続ける対話的な営みでもある。またそれは自然について学ぶことでもあり、だからパフェは世界そのものとつながっている。これはパフェのみならず、物事の本質をとらえようとするときに自ずと感じられることではないかと思う。

外部環境に受け身になるのではなく、能動的に環境と折衝する過程で人間が生み出すものが「文化」であろう。とすると、パフェとは言ってみれば、「完全」を求める不完全な人間が、自然に対し畏怖と挑戦心を同時に抱いて作るものである。そして、パフェを食べる人間にとっては、ままならない世界の中で、唯一完全であれと願うもの、まるで神様が創ったかのように目の前に現れるものが、パフェなのだ。

ホーム社の高梨佳苗氏には連載時より遅筆な私に辛抱強くお付き合いいただいた。感謝いたします。それから、この連載のきっかけにもなった小説家・千早茜氏との出会いに感謝を。また、私のパフェ探究の大いなる助けとなった、私が主催する「パフェ大学」の大学生のみなさんにも深い感謝を。そして飲食店のすべての皆様に感謝の意を表します。

二〇二一年七月

桃パフェの季節に

ロイトシロ …P62
〒東京都新宿区歌舞伎町 2-41-3 レオ寿ビル 3F
☎ 050-3579-8013

フルーフ・デゥ・セゾン …P64
〒東京都千代田区外神田 4-11-2
☎ 03-5296-1485

カフェ・ド・リオン
本店 …P 68 ／ブルー …P77
〒（本店）愛知県名古屋市西区那古野 1-23-8
（ブルー）愛知県名古屋市中村区那古野 1-38-13
☎（本店）052-571-9571
（ブルー）052-433-8811

スイーツ&ワイン リトリ …P70
〒愛知県名古屋市名東区高社 1-237-1
☎ 052-769-1070

パスカル・ル・ガック 東京 …P72
〒東京都港区赤坂 2-12-13
☎ 03-6230-9413

べんがらや …P76
〒石川県加賀市山代温泉温泉通り 59
☎ 0761-76-4393

ハッソウ ドルチェッテリア ホッカイドウ …P76
〒北海道札幌市中央区南 2 条西 5-31-4 SCALETTA3F
☎ 011-231-7778

カフェ カノワ …P77
〒群馬県前橋市北代田町 9-8
☎ 027-234-9147

ANA クラウンプラザホテル岡山 カジュアルダイニング ウルバーノ …P77
〒岡山県岡山市北区駅元町 15-1
☎ 086-898-2284（レストラン予約）

スギトラ …P78
〒京都府京都市中京区中筋町 488-15
☎ 075-741-8290

吉祥菓寮　祇園本店 …P78
〒京都府京都市東山区古門前通東大路東入ル石橋町 306
☎ 075-708-5608

夜パフェ専門店 NORD° …P78
〒京都府京都市下京区四条下ル東入ル市之町 239-1 招徳ビル 3F
☎ 075-744-1271

プリンス オブ ザ フルーツ …P78
〒福岡県福岡市中央区薬院 4-18-17 レイナビル 1F
☎ 092-753-9600

カフェ オリンピック …P78
〒長崎県長崎市浜町 8-13 2F
☎ 050-5487-8151

ノエルの樹 …P78
〒福岡県太宰府市石坂 1-2-24 エスポアール石坂 1F
☎ 092-929-0183

ファブカフェ トーキョー …P80, 104
〒東京都渋谷区道玄坂 1-22-7 道玄坂ピア 1F
☎ 03-6416-9190

オペラ通り …P96
〒神奈川県横浜市青葉区市ヶ尾町 529-4
☎ 045-971-7989

※巻末資料集掲載の店舗は除く。また、電話番号非公開の店舗のみ URL を記載しています。

SHOP LIST

主な掲載店舗（掲載順）

ロイヤルホスト桜新町店　…P1, 3, 5, 6, 10, 12
〒東京都世田谷区桜新町 1-34-6
☎ロイヤルホールディングスお客様相談室
0120-862-701

フルーツパーラーゴトー　…P2, 4, 7, 10, 56
〒東京都台東区浅草 2-15-4
☎ 03-3844-6988

ラトリエ ア マ ファソン　…P2, 8-10, 88
〒東京都世田谷区上野毛 1-26-14
https://latelieramafacon.com/

カフェ クーポラ メジロ　…P3, 9, 10, 84
〒東京都新宿区下落合 3-21-7
目白通り CH ビル1F
☎ 03-6884-0860

ピエール マルコリーニ 銀座本店　…P16
〒東京都中央区銀座 5-5-8
☎ 03-5537-0015

タカノフルーツパーラー
パフェリオ本店　…P18 ／新宿本店　…P28
〒東京都新宿区新宿 3-26-11 B2F（パフェリオ本店）／ 5F（新宿本店）
☎（パフェリオ本店）03-3356-7155
（新宿本店）03-5368-5147

アトリエコータ 神楽坂店　…P20
〒東京都新宿区神楽坂 6-25
☎ 03-5227-4037

ショコラティエ　パレ ド オール 東京　…P24
〒東京都千代田区丸の内 1-5-1
新丸の内ビルディング 1F
☎ 03-5293-8877

和光 アネックス ティーサロン　…P26
〒東京都中央区銀座 4-4-8 和光アネックス 2F
☎ 03-5250-3100

ナミ ザイモクザ 休日喫茶室　…P30
（住所・電話番号非公開）
https://www.instagram.com/nami.zaimokuza/

果実園リーベル 目黒店　…P32
〒東京都目黒区目黒 1-3-16
プレジデント目黒ハイツ 2 階
☎ 03-6417-4740

エンメ ワインバー　…P34, 92
〒東京都渋谷区渋谷 2-3-19 ローゼ青山 1F
☎ 03-6452-6167

フォーシーズンズカフェ　…P38
〒東京都江戸川区西葛西 6-5-12
☎ 03-3689-1173

パティスリー ビヤンネートル　…P40, 100
〒東京都渋谷区上原 1-21-10
上原坂の上 21 番館 1F
☎ 03-3467-1161

パティスリー&カフェ デリーモ 東京ミッドタウン日比谷店　…P44
〒東京都千代田区有楽町 1-1-3
東京ミッドタウン日比谷 B1F
☎ 03-6206-1196

夜パフェ専門店 パフェテリア ミル　…P48
〒北海道札幌市中央区南 3 条西 5-30
三条美松ビル B1F
☎ 011-522-9432

茶寿　…P50
〒神奈川県横浜市港北区菊名 1-3-9
☎ 045-423-2320

ブラッスリー・ヴィロン 渋谷店　…P60
〒東京都渋谷区宇田川町 33-8 塚田ビル 1F
☎ 03-5458-1770

初出：ホーム社文芸図書WEBサイト「HB」2019年10月～2021年1月掲載
※単行本化にあたり、加筆修正しました。

斧屋（おのや）

パフェ評論家、ライター。東京大学文学部卒業。パフェの魅力を多くの人に伝えるために、雑誌、ラジオ、トークイベント、ＴＶなどで活動中。著書に『東京パフェ学』（文化出版局）、『パフェ本』（小学館）がある。

パフェが一番《いちばん》エラい。

2021年8月30日　第1刷発行

著　者　斧屋《おのや》
発行人　遅塚久美子
発行所　株式会社ホーム社
〒101-0051
東京都千代田区神田神保町3-29 共同ビル
☎　編集部　03-5211-2966
発売元　株式会社集英社
〒101-8050　東京都千代田区一ツ橋2-5-10
☎　販売部　03-3230-6393（書店専用）
読者係　03-3230-6080

印刷所　大日本印刷株式会社
製本所　株式会社ブックアート

ブックデザイン　佐藤亜沙美（サトウサンカイ）
撮　　影　山口真由子（カバー、P1-10、P14-15）
斧屋（上記以外）
挿　　絵　斧屋
本文組版　一企画

ISBN 978-4-8342-5349-8 C0095